Galal Abas

Avaliação do sistema de pastoreio a céu aberto em componentes ambientais

Galal Abas

Avaliação do sistema de pastoreio a céu aberto em componentes ambientais

Zonas semi-áridas do Sudão

ScienciaScripts

Imprint
Any brand names and product names mentioned in this book are subject to trademark, brand or patent protection and are trademarks or registered trademarks of their respective holders. The use of brand names, product names, common names, trade names, product descriptions etc. even without a particular marking in this work is in no way to be construed to mean that such names may be regarded as unrestricted in respect of trademark and brand protection legislation and could thus be used by anyone.

Cover image: www.ingimage.com

This book is a translation from the original published under ISBN 978-3-659-88870-0.

Publisher:
Sciencia Scripts
is a trademark of
Dodo Books Indian Ocean Ltd. and OmniScriptum S.R.L publishing group

120 High Road, East Finchley, London, N2 9ED, United Kingdom
Str. Armeneasca 28/1, office 1, Chisinau MD-2012, Republic of Moldova, Europe
Managing Directors: Ieva Konstantinova, Victoria Ursu
info@omniscriptum.com

Printed at: see last page
ISBN: 978-620-8-56305-9

ÍNDICE DE CONTEÚDOS

Resumo

O estudo foi realizado nas pastagens da localidade de EL Dilling, no estado do Cordofão do Sul, que se situa a cerca de 165 km a sudoeste da cidade de EL Obied, durante os anos de 2010 a 2011. O objetivo deste estudo era avaliar os impactos do sistema de pastoreio aberto em alguns componentes ambientais da pastagem. A pastagem foi dividida em três locais de acordo com o grau de utilização. Foram selecionados aleatoriamente três pontos de água de entre 24 pontos de água permanentes. Foram também selecionados aleatoriamente três locais de pastoreio, enquanto o local não pastoreado foi selecionado no meio dos dois locais. Para as medições da vegetação, foi utilizado o método do laço de Parker (Parker e Hirris, 1959) para medir a composição relativa das plantas e a cobertura do solo da pastagem. Foram delineados quase 48 transectos utilizando uma fita de 100 metros e um laço de % colocado ao nível do solo a intervalos de um metro. Para além do método da quadratura (Wilm et al, 1944), foi utilizado o procedimento de amostragem dupla para determinar a densidade relativa das plantas, a frequência das plantas e a produtividade da biomassa. Para a análise do banco de sementes, foram recolhidas 72 amostras de solo dos três sítios para avaliar o banco de sementes. Foram colhidas quase 12 amostras de solo de 10x10 cm com duas profundidades diferentes (0 - 10 cm) e (10 - 20 cm) de cada local (quatro de cada transecto). O método do quarto central do ponto (Cottam e Acurtis, 1956) foi utilizado para medir a densidade das árvores. Para analisar e avaliar as dimensões socioeconómicas e sociais do sistema de pastoreio aberto e os seus impactos, foi utilizada a análise estatística descritiva. Foi elaborado um questionário para recolher informações junto dos proprietários de animais e dos utilizadores de terras de pastagem sazonal. Um total de 120 inquiridos selecionados aleatoriamente representava 6% do número total de pastores que utilizavam terras de pastagem sazonal na área de estudo. O pacote estatístico SAS e a fórmula calculada manualmente foram utilizados para a análise dos dados obtidos a partir das medições da vegetação. Além disso, os dados relativos aos aspectos socioeconómicos foram analisados utilizando o programa informático SPSS. Os resultados mostraram diferenças significativas muito elevadas na cobertura do solo e uma variação significativa na composição relativa das plantas nos três locais. O estudo mostrou que as forbes muito sensíveis, consideradas sensíveis ao procedimento de pastoreio, foram encontradas em locais não pastoreados. Além disso, os resultados mostraram que a densidade e a frequência das plantas apresentaram uma grande variação entre os três locais, para além de diferenças significativas muito elevadas na produtividade da biomassa entre os três locais. Os resultados também mostraram que espécies nativas de gramíneas altas, como *Sorghum purpureosercim, Andropogon gayanyus* e *Pennisetum pedicellatum,* e forbes como *Blepharis linariifolia, Asteraceae hyperhernia ofrun, Demodium dichotomum* e *Impomea cordofana* desapareceram em torno de pontos de água e locais de pastagem, enquanto essas plantas representavam uma frequência elevada no local não pastoreado. O estudo conclui que o sistema de pastoreio aberto afectou o crescimento das plantas, diminuiu a estabilidade do solo, alterou os tipos de plantas, o banco de sementes e diminuiu a produtividade das pastagens. Além disso, o estudo mostrou que muitas populações foram afectadas pelo sistema de pastoreio aberto, como resultado da degradação das pastagens e da elevada procura de recursos das pastagens. Além disso, isto levou a conflitos entre as partes interessadas. O estudo recomendou que se tentassem novos métodos de sistema de produção animal. Assim, para proteger a deterioração das componentes ambientais das pastagens, podem ser criadas explorações agrícolas para a produção de carne de bovino em grandes áreas na localidade de Dilling. A conservação das pastagens através da introdução de forragens autóctones *como Blepharis linariifolia, Asteraceae hyperhernia ofrun, Demodium dichotomum* e *Impomea cordofana* e de gramíneas autóctones como *Chloris gyana, Sorghum purpureosercim e Andropogon gayanyus* deve ser introduzida nas pastagens.

CAPÍTULO UM

INTRODUÇÃO

1.1. Geral

As pastagens desempenham um papel importante no fornecimento de produtos animais à população humana em toda a região terrestre do mundo. As pastagens são responsáveis por 16% da produção mundial de alimentos, em comparação com 77% das terras de cultivo (Holechek, 2004). Em muitas partes de África, os pastores nómadas consideram o gado uma fonte de riqueza: muitos animais do rebanho não contribuem em nada para a produção animal e geralmente não são utilizados para fins de tração, a manutenção de um grande número de animais não produtivos pelas culturas nómadas levou à deterioração das pastagens. O grande aumento das populações nómadas e de gado, em resultado das intervenções da cultura ocidental em África, exige uma mudança na prática de manter gado não produtivo como forma de riqueza. No entanto, é importante reconhecer que 80% a 90% da energia alimentar consumida pelos pastores nómadas de África provém da produção animal. (Holechek, 2004)

Os países em desenvolvimento com uma população humana em rápido crescimento, como o Sudão, registaram um aumento em grande escala do número de cabeças de gado; prevê-se que, nos próximos 25 anos, cada vez mais pastores partilhem uma base fundiária em declínio devido à conversão das pastagens em terras agrícolas. Esta situação exercerá uma enorme pressão sobre as pastagens destes países e exigirá grandes mudanças nas práticas de pastoreio para evitar a degradação generalizada das pastagens.

No Sudão, ao longo de milhares de anos, o pastoreio tem sido uma das principais actividades de utilização das terras e continua a ser uma utilização importante. Muitas vezes, o pastoreio tem sido mal gerido e conduziu a uma perda de solo em grande escala. Atualmente, muitas pastagens apresentam sinais de degradação ou de sobrepastoreio; ambas as condições conduzem a uma redução da cobertura vegetal e da absorção de água pelo solo. Estas duas condições conduzem à redução do coberto vegetal e da absorção de água pelo solo, o que, por sua vez, acelera a degradação ambiental das pastagens.

No Sudão, o gado é criado principalmente por grupos pastoris e agro-pastoris, os rebanhos pastoris são principalmente semi-nómadas, onde os movimentos tradicionais ocorrem entre as áreas de pastagem da estação húmida e seca (Darrag et al, 1995). A criação de gado no

Cordofão do Sul é praticada segundo dois sistemas. O primeiro é o da aldeia - baseado na adaptação pelas comunidades estabelecidas, em que o gado é mantido durante todo o ano a pastar perto das povoações. O segundo tipo é um sistema de pastoreio sazonal em campo aberto seguido por nómadas e semi-nómadas e em que o gado é conduzido para pastagens distantes. Os nómadas pastoris estão a responder cada vez mais em grande escala, alterando o modo de vida nómada, através da sedentarização em grandes áreas na localidade de Dilling. A concentração de pessoas levanta alguns problemas, como a degradação do ambiente das pastagens nas zonas do norte, em particular essa concentração resultou da situação de insegurança nas zonas do sul. Por conseguinte, o sistema tradicional de pastagem aberta implica uma pressão excessiva dos animais sobre as pastagens e a expansão da agricultura marginal, o que acelera a degradação ambiental (Abdallah, 1982).

A distribuição de pontos de água nas pastagens também resultou na deterioração das pastagens devido ao excesso de gado à volta das instalações de bebida. Várias pastagens são subutilizadas, devido à escassez de água potável. No entanto, estas pastagens têm sido demasiado utilizadas (Al sharif.1985).

A importância da dimensão humana do sistema de utilização das terras nas pastagens está a ser cada vez mais reconhecida. No entanto, é necessária investigação para compreender as relações entre os factores socioeconómicos e as componentes do ambiente das pastagens nestes sistemas. Além disso, existe uma lacuna significativa na nossa compreensão dos factores socioeconómicos que determinam a alteração do ambiente das pastagens (Twine, 2005). A alteração dos padrões de utilização dos recursos das pastagens e os impactos daí resultantes no ambiente das pastagens constituem uma forma de ciclo de retroação entre a sociedade e o ambiente natural. Homewood et al (2006).

1.2. Problema de investigação e justificação:

O impacto do sistema de pastagem aberta nas pastagens do Cordofão do Sul é grave nas zonas que circundam os pontos de água e as aldeias, onde existe abastecimento permanente de água, devido à pressão intensiva exercida sobre os recursos naturais para a produção de culturas e de forragem para a alimentação do gado em vastas zonas das pastagens do Cordofão do Sul e, em especial, na localidade de Dilling, devido à elevada migração da população das zonas do Sul para o Norte em consequência da situação de segurança durante a guerra civil. Esta pressão provocou a degradação dos solos, a redução da capacidade de pastoreio, a substituição de plantas forrageiras desejáveis por outras não palatáveis, a compactação do solo pelo gado, a diminuição da fertilidade do solo devido à perda de cobertura vegetal, a elevada perda de solo durante os períodos de chuvas torrenciais, a diminuição da absorção da precipitação pelo solo e a destruição da diversidade da vegetação, o que conduziu à degradação do ambiente, à conversão das pastagens em terrenos baldios e à limitação da produção alimentar e animal humana, em especial. Além disso, os direitos de acesso pouco claros, mal definidos e mal aplicados à utilização dos recursos das pastagens estão a conduzir à degradação das terras de pastagem e a conflitos entre as diferentes partes interessadas (utilizadores das terras). A falta de informação sobre o sistema de pastagem aberto, a falta de mapas de utilização das terras e a utilização extensiva das terras aceleram a degradação das pastagens e os problemas socioeconómicos na área de estudo, tais como decisões de gestão incorrectas por parte dos funcionários, conflitos entre os diferentes utilizadores das terras e aumento da pobreza na população rural. Além disso, é necessário compreender a importância da relação entre as componentes ambientais e a dimensão socioeconómica na área de estudo.

O estudo avaliará os impactos do sistema de pastoreio aberto em algumas componentes ambientais (nomeadamente atributos da vegetação, sinais de degradação do solo e dimensão socioeconómica) na localidade de Dilling, utilizando indicadores ambientais, e introduzirá uma solução adequada para evitar a má gestão.

1.3. Objectivos:

1.3.1. Objectivos gerais

Estudar e avaliar os impactos do sistema de pastoreio aberto em algumas componentes ambientais das pastagens (nomeadamente, atributos da vegetação, sinais de degradação do solo e dimensão socioeconómica) na localidade de Dilling

1.3.2. Objectivos específicos

1- Estudar os impactos do sistema de pastoreio aberto nas alterações dos atributos da vegetação na localidade de Dilling

2- Estudar e avaliar os impactos do sistema de pastoreio aberto na degradação do solo e as suas consequências no ambiente das pastagens na localidade de Dilling

3- Documentar, preencher a lacuna de informação e sensibilizar o público para os impactos da pastagem aberta na componente ambiental das pastagens na localidade de Dilling

4- Estudar a dimensão social resultante do sistema de pastoreio aberto nas pastagens da localidade de Dilling.

1.4. Hipóteses de estudo

O pastoreio de gado em pastagens abertas afectou a componente ambiental, nomeadamente (atributos da vegetação, sinais de degradação do solo e dimensão socioeconómica).

1.5. Resultados esperados:

Os resultados deste estudo demonstrarão que os gestores podem aumentar as suas oportunidades de restaurar a sua base de recursos naturais (por exemplo, alterações nos atributos da vegetação, restauração de comunidades de plantas nativas e diversidade).

Introduzir uma ferramenta de apoio à decisão que reduza os impactos ambientais negativos dos sistemas de pastoreio a céu aberto e introduzir algumas soluções adequadas para evitar uma gestão incorrecta e conflitos entre os utilizadores dos recursos naturais.

CAPÍTULO DOIS

Revisão da literatura

2.1. Geral:

As pastagens de todo o mundo estão sujeitas a uma utilização intensiva devido ao aumento da população animal e humana, às alterações ecológicas e ao aumento das exigências humanas e das actividades económicas excessivas. Estes factores provocam uma grave deterioração das pastagens (Abdalla, 2008). O gado bovino, ovino e caprino, propriedade dos pastores, é o principal consumidor da vegetação das pastagens e o pastoreio é considerado uma influência natural no ambiente das pastagens na localidade de Dilling. As pastagens são fortemente pastoreadas pelos seus animais, uma vez que não existem regras para reconhecer as práticas de pastoreio, o que leva à deterioração das pastagens. O pastoreio não é simplesmente a remoção de material foliar das plantas herbáceas. No entanto, os impactos do material foliar pelo pastoreio são complexos. Deste modo, os diferentes tratamentos de gestão do pastoreio provocam diversas alterações no crescimento das plantas, que afectam a quantidade e a qualidade da biomassa acima do solo produzida nas pastagens. O pastoreio pode alterar a composição das espécies vegetais, manipular alguns processos das plantas e do ecossistema e alterar os níveis e as taxas de crescimento das plantas. O pastoreio pesado repetido remove uma grande parte da área foliar e provoca reduções a longo prazo na produção total das pastagens. (Manske, 2004). O gado tem um impacto importante na composição da vegetação das pastagens e na estabilidade dos prados, uma vez que, em caso de sobre-exploração por parte dos animais de pastoreio, as plantas desejadas podem ser substituídas por outras espécies de plantas indesejadas (Cordon, 2007). É necessário compreender a resposta das plantas à intensidade e frequência dos impactos do gado em relação às condições ambientais das pastagens e aos factores animais, que afectam não só a intensidade e frequência do impacto, mas também a distribuição desses impactos.

O impacto do pastoreio por animais domésticos nas comunidades vegetais tem sido objeto de atenção considerável. O pastoreio muito intenso resulta num declínio do número de espécies; as alterações na vegetação têm também um impacto nas propriedades do solo, incluindo a fauna do solo. Além disso, a concentração de um grande número de animais em terrenos de pastagem mais pequenos que foram recentemente objeto de uma intensidade elevada pode causar a compactação do solo e diminuir as taxas de infiltração. O aumento da densidade de rastos em torno de pontos de água tem sido problemático em pastagens que foram divididas em torno de um ponto de água central (Howery e Sprinkle, 2006).

Tate et al. (2004) verificaram que a compactação do solo aumentou ao longo de um gradiente que vai desde a exclusão do pastoreio a longo prazo até à intensidade do pastoreio intensivo de gado bovino na savana de carvalhos. O pastoreio também alterou a abundância e a distribuição das gramíneas. Muitas espécies só são afectadas por um pastoreio muito intenso e algumas espécies são sensíveis ao pastoreio numa vasta área (Landsberg *et al* 1997). Existe um amplo consenso de que o pastoreio incorreto pode ter um impacto negativo em várias funções do ecossistema das pastagens e degradar os serviços do ecossistema (Belsky et al. 1999; Jackson e Bartolome 2007). Especificamente na pastagem anual. O acesso a terras de pastagem, o acesso a pontos de água e a pastagens são uma fonte séria de conflitos entre diferentes comunidades, para além da rutura do sistema tradicional, no qual se realizavam regularmente conferências intertribais antes da deslocação das comunidades nómadas do norte para o sul, o que contribui para muitos conflitos (Abdullah, 1982).

2.2. Recursos de pastagem

As pastagens compreendem cerca de 50% da superfície terrestre mundial e incluem prados naturais, matagais, savanas e desertos que constituem a maioria dos ecossistemas de pastagens. Na maioria dos países africanos, a produção de gado em pastagens é uma forma de sistemas de pastoreio extensivos praticados por nómadas das regiões áridas e semi-áridas. Tendo em conta a procura de alimentos devido ao crescimento da população humana, o aumento da produtividade do gado ganha importância, particularmente em condições ambientais adversas nas zonas áridas e semi-áridas (Kamau, 2004).

As pastagens constituem um recurso natural imenso e a principal fonte de alimentação do efetivo nacional no Sudão. Os vários tipos de pastagens variam de prados abertos a fontes de água sazonais, planícies de inundação, margens de rios, bosques, colinas e encostas de montanhas (Zaroug, 2006).

No Cordofão do Sul, a pastorícia era o modo tradicional de utilização dos recursos das pastagens, mas a sociedade está a sofrer profundas alterações nas últimas décadas. Estas mudanças são visíveis através da regressão da mobilidade animal e da sedentarização da população, as pastagens estão sujeitas a uma pressão crescente que conduz à sua degradação. (Nefzaoui, 2008).

A degradação dos recursos naturais na localidade de El Dilling é o problema mais grave que afecta as pastagens. O rendimento das pessoas depende principalmente da qualidade e da quantidade das pastagens. Os animais são mantidos nas pastagens durante oito meses e, depois da colheita, são alimentados com resíduos de culturas. Com as condições de seca prevalecentes, envolvendo escassez de forragem e água potável na maioria das áreas de pastagem, o gado é alimentado durante a maior parte do ano. Um grande número de agricultores e pastores migraram das suas aldeias em busca de água e forragens. Este sistema baseia-se na mobilidade oportunista tradicional, que equilibra a disponibilidade de alimentos e água com a aversão à doença das chuvas nas zonas infectadas. O gado na localidade de El Dilling depende principalmente da vegetação das pastagens e dos resíduos das culturas como segunda fonte de alimentação dos animais. Isto pode dever-se à disponibilidade de resíduos de culturas que se praticam nas terras de pastagem, em particular na estação seca (Fashir, 2008).

2.3. Sistemas de pastoreio de animais

2.3.1. Nómada

O gado, principalmente camelos e ovelhas, com algumas cabras, é criado inteiramente em pastagens naturais. Os agregados familiares deslocam-se com os seus animais e não têm uma base permanente onde possam cultivar. Passam a estação das chuvas na zona semi-desértica do norte e, durante a estação seca, deslocam-se mais para sul, para a savana. O rendimento provém da venda de animais, carne e leite sob a forma de queijo branco (Fadlalla e Ahmed, 1999: PNUD, 2006).

2.3.2. Transumante

No sistema agro-pastoril transumante, os agregados familiares dependem principalmente da criação de gado, sobretudo bovino, com algumas ovelhas e cabras, embora haja algumas culturas. No Sudão ocidental, as famílias migram para norte durante a estação das chuvas e regressam à savana durante a estação seca. Nos estados do centro e do leste, a migração faz-se em direção ao Nilo durante a estação das chuvas e regressa durante a estação seca. (Fadlalla e Ahmed, 1999: FAO, 2000: PNUD, 2006).

2.3.3. Sedentário

O sistema sedentário existe onde há agricultura de sequeiro e arvense em aldeias fixas. É criado algum gado, principalmente pequenos ruminantes, mas os animais são menos importantes do que as culturas. O sorgo e o sésamo são cultivados em solos argilosos, e o painço e o amendoim em solos arenosos (Fadlalla e Ahmed, 1999).

2.3.4. Sistemas de produção exclusivamente animal

Sistemas de criação de gado em que mais de 90% da matéria seca fornecida aos animais provém de pastagens, prados, forragens anuais e alimentos comprados e menos de 10% do valor total da produção provém de actividades não pecuárias (FAO, 2000 :Zaroug, 2006).

2.3.5. Sistemas baseados em pastagens

Subconjunto de sistemas de produção exclusivamente pecuária em que mais de 10% da matéria seca fornecida aos animais é produzida na exploração e em que as taxas médias anuais de encabeçamento são inferiores a dez CN por hectare de terra agrícola (FAO, 2000).

2.3.6. Outros sistemas

A criação de gado é uma tendência recente no Sudão. Os animais são criados para carne em pastagens naturais no Sudão ocidental, no Cordofão e no Darfur, e em Butana, no Estado de Kassala. Os confinamentos existem há mais de 30 anos. Os animais, principalmente os bovinos de carne, são trazidos com casco do Sudão ocidental e engordados no Estado de Cartum com cereais de sorgo, bagaços de oleaginosas e forragens grosseiras, com ganhos até 1 kg/dia nos bovinos e 0,35 kg nos ovinos. Perto e dentro das zonas urbanas, as cabras e as aves de capoeira alimentadas com resíduos domésticos são criadas para abastecimento doméstico. Além disso, são poucos os sistemas que conseguiram demonstrar de forma consistente uma produção sustentável e benefícios económicos. (Fadlalla e Ahmed, 1999).

2.4. Sistema de pastoreio de gado no Cordofão do Sul

De facto, a pastorícia no Sudão é um modo de vida tradicional. É um produto de factores climáticos e ambientais que se tornou uma forma de utilização e gestão dos recursos naturais.

A pastorícia compreende uma variedade de movimentos que vão desde o nomadismo puro, caracterizado pela criação de camelos durante todo o ano e pela migração de longa distância, até aos movimentos sazonais em distâncias mais curtas, em combinação com alguma forma de actividades agrícolas. (PNUD, 2006) O pastoreio livre das pastagens é o sistema de alimentação mais comum para o gado no Cordofão do Sul. Durante a curta estação húmida, as gramíneas crescem e amadurecem rapidamente, produzindo uma biomassa abundante. A condição corporal do animal em pastoreio está no seu melhor durante este período, mas com o início da estação seca tanto a quantidade como a qualidade da erva das pastagens diminuem e não satisfazem as necessidades de manutenção dos animais em pastoreio. No Cordofão do Sul, onde o pasto da estação seca é composto principalmente por gramíneas como Cenchrus spp e Eragrostis spp, o teor de proteínas brutas da forragem natural é de cerca de 3,4%, muito abaixo do mínimo necessário para a manutenção (Jaddalla, 1994: Zaroug, 2006). A inadequação nutricional do pasto da estação seca impõe uma grande limitação à produção animal sustentável nos sistemas tradicionais em que o pasto constitui a única fonte de alimentação do gado. A indisponibilidade de forragem durante a estação seca afecta mais o gado sedentário na localidade de Diling, uma vez que este não tem a vantagem da mobilidade exercida nos sistemas transumantes e nómadas (Zaroug, 2006). A criação de gado é praticada segundo dois sistemas. O primeiro é o baseado em aldeias, adaptado pelas comunidades estabelecidas, em que o gado é mantido durante todo o ano a pastar perto das povoações. O segundo tipo é um sistema de pastagem sazonal ao ar livre seguido por nómadas e semi-nómadas e o gado é conduzido para pastagens distantes. Para o gado das aldeias, os pastores procurariam pastagens distantes se não houvesse pasto adequado e\ou água à volta da aldeia, ou por medo de danificar as culturas, particularmente quando têm grandes rebanhos. O relatório do FIDA de 2006 observou que a criação sedentária de gado é praticada principalmente pelos Nuba, que praticam sobretudo o cultivo, sendo a criação de gado de importância secundária. Para além do gado bovino, possuem também ovelhas e cabras, que não se deslocam mais de 10-15 km do centro da sua residência ao longo do ano. O seu padrão sazonal de pastoreio envolve geralmente uma deslocação das montanhas e das encostas dos sopés, que são pastadas durante a chuva, para as planícies de argila fendida após a principal colheita de sorgo. Em alguns locais, já não é assim, pois alguns Baggara estão agora instalados e algumas tribos dos Nuba estão a praticar movimentos sazonais prolongados. Também parece que o padrão sazonal do pastoreio se alterou, uma vez que alguns assentados, especialmente nas montanhas orientais, dependem principalmente das montanhas durante a estação seca.

A produção nómada assenta num movimento geralmente norte\sul. A pastorícia de transumância pode ser considerada como um sistema de pastoreio diferido, uma vez que muitas partes das pastagens são pastoreadas após o lançamento e a dispersão das sementes. Na parte sul do Cordofão do Sul e na parte central das pastagens, o pastoreio é adiado até ao início da estação seca, enquanto as zonas de transição das partes centrais são parcialmente pastoreadas no movimento sul\norte e norte\sul (t Zaroug, 2006: PNUD, 2006). Os nómadas passam a estação das chuvas nas zonas do norte do Estado (Rashad, Abbasuia, Elqatar, Kurmalay, Um Arroos, etc.), enquanto alguns seguem mais para norte, para o Cordofão Goz (em torno de Elobeid, Rashad, Jebel Addayir). Em todas estas zonas, o pastoreio é praticado durante o período de crescimento, um processo que é muito prejudicial para as maiores proporções da área, que são predominantemente manuais (FIDA, 2006).

2.5. Os impactos do pastoreio na vegetação das pastagens

É amplamente reconhecido que o gado tem um grande impacto na composição da vegetação das pastagens e na estabilidade da vegetação arbustiva, se for sobreexplorado pelos animais em pastoreio, a resposta das plantas à intensidade e frequência dos impactos do gado em relação às condições ambientais e aos factores animais, o que afecta não só a intensidade e frequência, mas também a distribuição desse impacto. No que se refere aos impactos da vegetação, é necessário estar consciente da importância dos factores bióticos e da possibilidade de interação, de modo a que as respostas individuais das plantas e das comunidades vegetais ao gado possam ser modificadas pela variação desses factores (Cordon, 2000; Holechk, 2004)

O pastoreio foi associado à perda de diferenciação da composição de espécies entre tipos de manchas, mais do que à perda do número de espécies em geral (Landsberg, *et al* 1997). Para além do declínio da abundância de plantas palatáveis, as alterações no coberto vegetal, nas plantas palatáveis e no coberto vegetal foram claramente afectadas pelo aumento sustentado e generalizado da pressão de pastoreio que se desenvolveu em torno de fontes artificiais de água (Cordon, 2000; Holechk, 2004). Correspondência entre os grupos de plantas mais diversificados e abundantes e os padrões consistentes de variação da abundância de espécies individuais com a distância dos pontos de água.

2.6. Factores de degradação das plantas de pastagem

Vários factores são responsáveis pela degradação das plantas das pastagens, mas os mais significativos são o aumento do número de cabeças de gado em sistema de pastagem aberta e as culturas em terras marginais (Nefzaoui, 2002). O sobrepastoreio é o outro fator de degradação das plantas das pastagens, as espécies mais palatáveis não têm descanso suficiente para sobreviver e as plantas invasoras estão a desenvolver-se apenas com plantas como *Cassia senna (*Sennamaka), *Clotropis procera* (Usher) *e (Acanthospermum hespidum*) (Harab Housa), para além de outras invasoras que são deixadas de lado porque contêm veneno (Wijk,1984). O pastoreio intenso, especialmente quando combinado com secas frequentes, leva também à diminuição das espécies perenes (Nefzaoui, 2004). Todos estes fenómenos são exacerbados pelas mudanças que deixam o sistema de pastoreio em assentamentos à volta da cidade, como em El Dilling. O pastoreio por gado doméstico tem sido considerado como um dos principais factores de degradação, porque altera a estrutura e a composição da vegetação, em resultado do que algumas espécies aumentam em abundância e outras diminuem (Yates *et al.*, 2000). Para além disso, é a causa mais generalizada de degradação do solo (IFAD, 2003), o que, por sua vez, resulta no declínio da produção de biomassa herbácea. Os gradientes de pressão de utilização desenvolvem-se em torno dos pontos de água, com o maior impacto perto do ponto de água e uma pressão decrescente à medida que a distância do ponto de água aumenta (Brits *et al.,* 2002). As diferenças no gradiente de pastoreio em torno dos pontos de água reflectem-se em diferenças na composição da vegetação e na distribuição espacial dos nutrientes do solo, e também parecem contribuir para o declínio do estado das pastagens. Yates *et al.* (2000)

No entanto, o pastoreio intenso de gado em savanas de parques abertos leva ao desaparecimento das espécies de gramíneas mais palatáveis, que serão substituídas por outras plantas herbáceas. Isto leva a um aumento da invasão de arbustos e arbustos que, na sucessão normal da vegetação, leva à regeneração da floresta. A floresta não evoluiria para um dossel fechado mas, neste sistema, em que os incêndios florestais são um fenómeno normal, tornar-se-ia um parque aberto. Este ciclo dura normalmente cerca de 30 anos (FAO 2006).

2.7. Sobrepastoreio

O sobrepastoreio ocorre quando a pressão de pastoreio excede a capacidade de carga das plantas das pastagens. Esta situação não depende propriamente do número de animais que se encontram numa pastagem, mas do tempo que aí permanecem. Na gestão do pastoreio, o tempo é o fator mais importante a considerar no estabelecimento de um sistema de pastoreio para a produção sustentada de forragem. O pastoreio contínuo permite que os animais pastem seletivamente as plantas mais palatáveis, uma e outra vez. O problema com isto não está necessariamente na atividade de pastoreio seletivo, mas no facto de a planta pastada não ter tempo para voltar a crescer antes de ser novamente pastada. (Rinehart, 2006) O sobrepastoreio tem um efeito negativo na diversidade vegetal. Embora várias espécies de plantas individuais estejam adaptadas ao pastoreio intensivo ou pareçam ser favorecidas devido à redução da concorrência (Bergmeier, 1998), o impacto global do sobrepastoreio é negativo, particularmente nos prados (Papanastasis et al. 2002). O pastoreio tem um efeito benéfico na diversidade vegetal, mas o subpastoreio ou a ausência de pastoreio podem também produzir efeitos negativos (Peco *et al.,* 1998). As pastagens subpastoreadas ou não pastoreadas apresentam o problema de as terras abandonadas serem invadidas por espécies lenhosas, o que aumenta o risco de incêndio e resulta em incêndios devastadores. O sobrepastoreio é causado quando o número de animais transportados numa pastagem é superior à sua capacidade de pastoreio, sugerindo que estes animais extra podem ser desde poucos a demasiados. O número de animais que pastam numa pastagem ou a intensidade do pastoreio, expressa como taxa de lotação, é um indicador muito importante da degradação da pastagem (Papanastasis, 2009). Devido à forma diferente como os vários animais que pastam recolhem a forragem, o seu impacto na vegetação é diferente (Rook et al., 2004), pelo que o tipo de espécie animal é muito importante no processo de sobrepastoreio. Além disso, o sistema com que os animais pastam nas pastagens também é importante. Por exemplo, o pastoreio contínuo ao longo do ano é mais adverso para a composição das espécies do que um sistema de pastoreio sazonal ou rotativo (Sternberg et al., 2009). A distribuição das infra-estruturas disponíveis pode decidir se uma pastagem será ou não utilizada de forma homogénea; normalmente, os animais tendem a pastar mais intensamente perto dos pontos de abeberamento e dos estábulos do que longe deles (Ghossoub, 2003). Por último, o sobrepastoreio será evitado se existirem recursos alimentares alternativos, pelo que o sistema de produção aplicado afecta o impacto dos animais em pastoreio nas pastagens (Papanastasis, 1990).

2.8. Alteração do coberto vegetal

Numerosos estudos documentaram alterações acentuadas no coberto vegetal em torno dos pontos de abeberamento, com diminuições na proporção de gramíneas e forragens perenes palatáveis e aumentos na proporção de solo nu ou de plantas não palatáveis, particularmente arbustos. Também se registou um aumento das taxas de erosão do solo, especialmente num raio de 2-3 km dos pontos de água, onde o tráfego de gado é elevado e as alterações na vegetação e no coberto vegetal são mais acentuadas. (Embora muitos estudos tenham demonstrado que o coberto vegetal é sensível ao aumento das pressões de pastoreio nas proximidades dos pontos de água, as tendências simples são frequentemente obscurecidas pelas interações entre espécies palatáveis e não palatáveis de forbes e arbustos (Landsberg *et al, 7997*).

As tendências de cobertura que foram significativas, no entanto, estavam geralmente de acordo com estudos anteriores: à medida que a distância da água aumentava, havia uma tendência geral para o aumento da proporção de cobertura vegetal e para a diminuição da proporção de solo nu. Estas tendências de cobertura não foram significativas para cada planta individual. A cobertura de folhada também aumentou com a distância da água em dois gradientes e a cobertura de forbes apresentou uma tendência semelhante (Landsberg *et al,* 1997).

2.9. Alteração da composição e abundância das espécies

Foram efectuados muito poucos estudos sobre invertebrados em zonas áridas e semi-áridas e os que foram realizados indicam que as respostas ao pastoreio são complexas. A generalização mais óbvia é que a abundância, a composição e a riqueza de espécies respondem à estação de amostragem e às alterações na arquitetura e na composição de espécies da vegetação que resultam do pastoreio (Perkins, 1993; Lanta, 2009). A estrutura física das comunidades vegetais é muitas vezes alterada pelo pastoreio, havendo vários exemplos em que a desfoliação por herbívoros alterou a altura das plantas e a cobertura do dossel, e mudou a composição das espécies para incluir tipos de plantas estruturalmente diferentes. O pisoteio também pode alterar a estrutura das comunidades vegetais, quebrando e derrubando a vegetação.

A maioria dos estudos documenta alterações na composição das espécies, na abundância ou na estrutura da comunidade de vegetação ao longo de um gradiente de intensidade de pastoreio. Quando o pastoreio intenso elimina a concorrência das espécies palatáveis, ou das espécies sensíveis aos danos causados pelo pisoteio, estabelecem-se espécies "incrementadoras". Estas são tipicamente espécies com histórias de vida "anuais" que florescem após a chuva, ou arbustos perenes não palatáveis (Chewings, *et al,* 1992).

As alterações da vegetação têm igualmente um impacto nas propriedades do solo, incluindo a fauna do solo, com consequências na escala de redistribuição da água e dos nutrientes que conduzem a uma degradação ambiental acelerada das pastagens. Dado que as taxas de encabeçamento nas pastagens são geralmente elevadas, é provável que estes efeitos indirectos no solo ultrapassem os efeitos mais diretos, como o pisoteio, exceto em zonas de utilização intensiva, como a proximidade de pontos de água (Walker *et al,* 1997). O pastoreio afecta a composição de espécies de uma comunidade vegetal através de herbívoros que selecionam ou evitam plantas específicas e através da tolerância diferencial das plantas ao pastoreio. O pastoreio seletivo contínuo pode reduzir o vigor competitivo das plantas pastoreadas e libertar as espécies não pastoreadas da competição. O pisoteio também pode ferir indiscriminadamente as plantas e reduzir as suas capacidades competitivas e reprodutivas na comunidade vegetal. (Lanta, 2007)

(Chewings, 1992; Walker, 1997 e Landsberg, 1997) referem que o efeito do pastoreio por animais domésticos nas comunidades vegetais tem sido objeto de uma atenção considerável. A maioria dos estudos examinou o efeito de uma intensidade de pastoreio fixa, principalmente em ambientes não áridos. Dois factores gerais emergem destes estudos: (1) o pastoreio a densidades moderadas conduz a uma maior riqueza de espécies dentro do habitat, em comparação com o pastoreio a densidades baixas ou elevadas, ((2) o pastoreio muito intenso resulta num declínio do número de espécies, numa redução da abundância das restantes espécies e na dominância de algumas espécies. Além disso, as espécies próximas do ponto de água, com uma perturbação substancial da superfície do solo, e as espécies não palatáveis dominaram. Com o aumento da distância da água, a abundância de gramíneas palatáveis aumentou e as espécies não palatáveis diminuíram.

2.10. Impacto do pastoreio na produção de biomassa

Uma vez que o sistema pastoril e o padrão e condição socioeconómicos estão intimamente ligados, a diminuição da produtividade das pastagens afecta negativamente o rendimento familiar, a saúde e a distribuição das fontes (Banco Mundial, 1991). A extensão da depressão do rendimento varia consideravelmente consoante o ambiente e as caraterísticas da vegetação. Por exemplo, em Xinjiang (noroeste da China), a pastagem foi considerada em equilíbrio com a população pecuária até meados da década de 1970. Durante a década de 1980, a produtividade terá diminuído cerca de 3%, uma vez que a população pecuária se tornou elevada, com o declínio da pastagem

O rendimento nalgumas zonas foi estimado em 50% a 60% (FAO, 2000). Do mesmo modo, em Balochitan (Paquistão), o rendimento sob pastoreio animal excessivo foi estimado em menos de 30% do seu valor botânico (Van Gils e Shabbir, 1992).

No Sudão, segundo Suliman (1985), no estudo de base do Cordofão e do Darfur, a produção e a produtividade a longo prazo da biomassa herbácea têm vindo a diminuir de forma consciente e constante devido ao uso excessivo e ao stress ambiental. Elnour (2001) afirmou em que o pastoreio do gado afecta negativamente as comunidades vegetais se não for feito na altura certa. Mencionou também que o pastoreio precoce consome as plantas nas fases iniciais, antes da fixação das sementes, e tende a reduzir a produção de forragem. O pastoreio remove a produção de biomassa acima do solo se for mantido a uma intensidade elevada durante um período suficientemente longo, o pastoreio pode levar à perda de cobertura vegetal, a alterações na composição das espécies ou à perda de nutrientes do solo por volatilização (Steve e Chris, 2000).

2.11. Indicadores de vegetação na degradação das pastagens

Foram observados numerosos indicadores, que incluíam mudanças de espécies para espécies vegetais menos desejáveis, e que estão associados a uma redução da produção de erva e a um aumento de outras espécies invasoras que não são palatáveis para o gado (Perkins *et al,* 1993). Por conseguinte, pode levar a uma redução da produção económica em sistemas baseados na criação de gado (Dean e MacDonald, 1994). Os relatórios sobre o aumento da abundância de espécies em detrimento de arbustos e gramíneas mais palatáveis estão fortemente correlacionados com os gradientes de degradação da amostragem ecológica. Por exemplo, a redução do coberto vegetal e o aumento do solo nu foram identificados pelos membros dos gestores de pastagens e, do mesmo modo, a diminuição da diversidade vegetal.
Outros estudos utilizando gradientes de pastoreio em pastagens semi-áridas encontraram correlações semelhantes (Metzger et al., 2005).

2.12. Degradação em torno dos pontos de água

A maior degradação do solo e da vegetação regista-se em torno das povoações e dos pontos de água. Estas áreas encontram-se normalmente num raio de cerca de 1-5 km do ponto de água e têm frequentemente um aspeto bastante espetacular. No entanto, assumindo uma distância média de 10 a 30 km entre pontos de água, as áreas degradadas não ultrapassariam, mesmo nos piores casos, 10% das áreas totais. Por outro lado, a água é um fator limitante da utilização das pastagens e dos ecossistemas de pastagem. A distribuição da água é um dos princípios fundamentais da gestão das pastagens. Pode ser utilizada para uma gestão adequada das pastagens naturais e dos recursos inter-naturais. No entanto, a sua distribuição é uma arma de dois gumes. Uma distribuição estreita provoca o sobrepastoreio, ao passo que uma distribuição alargada resulta numa subutilização. O desequilíbrio entre o número de pontos de rega e a capacidade da pastagem conduzirá, na maioria dos casos, à deterioração das pastagens. É notório que os sinais de deterioração surgem primeiro em torno dos pontos de água e isto deve-se principalmente ao facto de a capacidade de carga da pastagem e a distância que separa os pontos de água não serem suficientes para evitar o pastoreio extensivo. Além disso, o fenómeno de assoreamento é largamente observado em muitos pontos de água (Hafires) na área de estudo, ao ponto de os deixar inoperantes. Este desequilíbrio contínuo conserva o solo e a vegetação, especialmente a vegetação anual nas zonas mais áridas, porque a pressão do pastoreio tem de se ajustar à quantidade de alimento disponível. O aumento da pressão populacional também leva a um maior desenvolvimento hídrico e à fixação permanente do homem nas pastagens áridas. Embora o efeito direto dos pontos de água na degradação das terras seja relativamente limitado, o desenvolvimento de fontes de água para uma utilização mais intensiva pode perturbar todo um ecossistema. Pode levar à degradação das terras em torno do ponto de água (FAO, 2006) e alterar a relação entre as áreas de pastagem tradicionais da estação húmida e da estação seca, transformando a pastagem tradicional da estação seca em pastagem durante todo o ano, a nova distribuição de pontos de água nas terras de pastagem resultou na deterioração da área de pastagem devido ao excesso de gado em torno dos pontos de água, por outro lado, várias pastagens são subutilizadas devido à escassez de água potável. No entanto, algumas destas pastagens foram sobreutilizadas (Al sharif, 1985). O esgotamento permanente dos pontos de água na localidade de El Dilling resultou no abandono dos pontos de água e impôs uma maior pressão de povoamento sobre as pastagens

2.13. Impacto dos pontos de água no estado das pastagens

Os forbs não palatáveis, as gramíneas menos palatáveis e uma maior proporção de solo nu caracterizam a zona imediatamente próxima dos pontos de água (0-50 m), enquanto a zona mais afastada do ponto de água foi caracterizada por uma elevada abundância de gramíneas altamente desejáveis e palatáveis. Espécies de gramíneas altamente palatáveis, como *Cenchrus ciliaris* e *Digitaria milanjiana*, foram mais abundantes na zona de 800-1000 m. Por conseguinte, concluiu-se que as proporções de espécies desejáveis aumentam à medida que a distância do tanque aumenta. Outro estudo revelou que, à medida que a distância do tanque aumenta, o número de plântulas de gramíneas também aumenta. Yates *et al.* (2000) relataram que, em áreas de sobrepastoreio, a água do solo pode estar abaixo do limiar crítico para a germinação de sementes e o estabelecimento de plântulas. Portanto, o resultado deste estudo pode mostrar que as pastagens altamente sobrepastoreadas mais próximas da lagoa resultaram numa redução da infiltração e armazenamento de água no solo. Em comparação com as zonas mais afastadas da lagoa, o estado das pastagens era pior nas zonas mais próximas da lagoa. Os pontos de água contribuem para a deterioração do estado das pastagens e para a alteração da composição da vegetação. (Brits e Rooyen, 2002).

2.14. Impacto do pastoreio no banco de sementes do solo

Os bancos de sementes, a reserva de sementes viáveis que se encontram no solo ou na sua superfície, desempenham um papel importante nas comunidades vegetais. Ao longo do tempo, as sementes produzidas pelas plantas deslocam-se para o solo e para baixo através da gravidade, da atividade animal e do clima. A acumulação de um banco de sementes permite que as comunidades vegetais recuperem após perturbações. A investigação e análise do banco de sementes pode fornecer informações sobre a história vegetativa da comunidade, ajudar a prever a composição futura da comunidade e fornecer informações sobre a viabilidade a longo prazo e a biologia da vida vegetal acima do solo. Embora os bancos de sementes de ecossistemas de pradaria tenham sido bem estudados, existe muito pouca informação sobre bancos de sementes de pradarias reconstruídas. A identificação das populações do banco de sementes de uma pradaria reconstruída fornece uma forma de avaliar o sucesso das restaurações e estabelece dados de base para acompanhar o desenvolvimento da pradaria ao longo do tempo (Rosburg, 2002: Nicol *et al,* 2004).

Padrões contrastantes de mudança no banco de sementes de pradarias naturais são frequentemente encontrados em resposta ao pastoreio por herbívoros domésticos. O tamanho das plantas, as unidades de dispersão e as sementes foram fortemente correlacionados entre si, confundindo assim a avaliação da importância relativa de cada caraterística na resposta das espécies ao pastoreio e às condições do local. Verifica-se que os padrões de mudança na densidade e composição do banco de sementes em resposta ao pastoreio dependem da variação espacial na disponibilidade e produtividade dos recursos, que a variação entre espécies nos padrões de resposta do banco de sementes ao pastoreio está ligada a diferenças nas caraterísticas de tamanho das espécies (ou seja, tamanho da planta, unidade de dispersão e semente). (Osem e Kigel, 2006)

Os animais que pastam podem diminuir a produção de flores e sementes diretamente, consumindo as estruturas reprodutivas, ou indiretamente, causando stress na planta e reduzindo a energia disponível para desenvolver as sementes. Os animais que pastam também podem dispersar as sementes transportando-as na sua pelagem (pelo, lã ou cabelo), nas patas ou no trato digestivo (Lanta, 2007)

2.15. Sinais de degradação do solo

2.15.1. Solo de pastagem

O solo é o componente básico dos ecossistemas de pastagem e está associado a quase todos os processos do ecossistema. Fornece um meio para apoiar o crescimento das plantas e é o lar de inúmeros insectos e microorganismos. Em termos de duração da vida humana, é um recurso não renovável e deve ser tratado como tal. O solo é um produto do material de origem, do clima, dos organismos vivos, da topografia e do tempo. Os processos de formação do solo são lentos, especialmente em climas áridos e semiáridos. Pensa-se que são necessárias várias centenas de anos para substituir um centímetro de solo superior perdido pela erosão. Nenhuma decisão de gestão deve ser tomada sem uma análise cuidadosa do seu impacte no solo. (IASC, 2010 e USDA2001)

O tipo de solo presente numa unidade de gestão de pastagens é importante tanto para o tipo e a quantidade de forragem produzida como para o tipo de gestão possível ou adequado. As caraterísticas químicas e físicas de um solo determinam: a sua capacidade de fornecer nutrientes às plantas; a taxa e a profundidade de penetração da água; e a quantidade de água que o solo pode reter e a sua disponibilidade para as plantas. Os solos de textura fina, especialmente sem cobertura vegetal ou de resíduos, tendem a reduzir a infiltração de água. Os solos de textura grosseira podem ter taxas de infiltração elevadas, mas secam a profundidades maiores do que os solos de textura fina. (IASC, 2010: e USDA2001)

2.15.2. Qualidade do solo

A qualidade do solo é a capacidade de um tipo específico de solo funcionar dentro dos limites de um ecossistema natural ou gerido, sustentar a produtividade vegetal e animal, manter ou melhorar a qualidade da água e do ar e apoiar a saúde e a habitação humanas. As alterações na capacidade de funcionamento do solo reflectem-se nas propriedades do solo que mudam em resposta à gestão ou ao clima. (IASC, 2010: e USDA, 2001)

2.15.3. A importância do solo das pastagens

As alterações na qualidade do solo que ocorrem em resultado da gestão afectam: a quantidade de água da precipitação e do degelo disponível para o crescimento das plantas; o escoamento, a infiltração da água e o potencial de erosão, a disponibilidade de nutrientes para o crescimento das plantas, as condições necessárias para a germinação, o estabelecimento de plântulas, a reprodução vegetativa e o crescimento das raízes e a capacidade do solo para atuar como filtro e proteger a qualidade da água e do ar (Donkor, et al, 2001 IASC, 2010; e USDA2001). A qualidade do solo nas pastagens pode afetar a produção vegetal, a reprodução, a mortalidade, a erosão, a produção de água, a qualidade da água, o habitat da vida selvagem, o sequestro de carbono, as alterações da vegetação, o estabelecimento e o crescimento de plantas invasoras e a saúde das pastagens (USDA, 2000)

2.15.4. Os impactos da qualidade do solo na saúde das pastagens

A saúde das pastagens e a qualidade do solo são interdependentes. A saúde das pastagens é caracterizada pelo funcionamento do solo e das comunidades vegetais. A capacidade de funcionamento do solo afecta os processos ecológicos, incluindo a captação, o armazenamento e a redistribuição da água; o crescimento das plantas; e o ciclo dos nutrientes das plantas. Por exemplo, o aumento da formação de crostas físicas diminui a capacidade de infiltração do solo e, consequentemente, a quantidade de água disponível para as plantas. À medida que a disponibilidade de água diminui, a produção vegetal diminui, algumas espécies vegetais podem desaparecer e as espécies menos desejáveis podem aumentar em abundância. As alterações na vegetação podem preceder ou seguir as alterações nas propriedades e processos do solo. As mudanças significativas na vegetação estão geralmente associadas a alterações nas propriedades e processos do solo e/ou à redistribuição dos recursos do solo na paisagem. Em alguns casos, como a erosão acelerada que resulta numa alteração do perfil do solo, esta mudança pode ser irreversível, enquanto noutros é possível a recuperação. (USDA, 2001)

2.15.5. Qualidade do solo como indicador na avaliação e monitorização das pastagens

Os processos ecológicos nas pastagens são avaliados com indicadores do solo e da vegetação. As avaliações efectuadas através da avaliação e monitorização fornecem informações sobre o estado funcional do solo e das pastagens. Os indicadores de qualidade do solo são propriedades que mudam em resposta à gestão, ao clima ou a ambos e reflectem o estado funcional atual. As funções incluem a manutenção da estabilidade do solo e do sítio; a distribuição, armazenamento e fornecimento de água e nutrientes para as plantas; e a manutenção de uma comunidade vegetal saudável (USDA, 2000)

2.15.5.1. Avaliação

Os indicadores de qualidade do solo são utilizados para aumentar o valor e a exatidão das avaliações das pastagens e da análise das tendências.

As avaliações ajudam a identificar as zonas onde ocorrem problemas e as zonas de interesse especial. Os gestores de terras podem utilizar esta informação e outros dados de inventário e monitorização para tomar decisões de gestão que, por sua vez, afectam a qualidade do solo. Quando são efectuadas avaliações ou comparações, a descrição do sítio ecológico da pastagem é utilizada como padrão. Para os solos associados a um determinado sítio ecológico, as propriedades que mudam em resposta à gestão ou ao clima são utilizadas como indicadores de mudança. (USDA, 2001)

2.15.5.2. Controlo

O acompanhamento das tendências do estado funcional do solo e da comunidade vegetal ajuda a determinar o sucesso das práticas de gestão ou a necessidade de alterações ou ajustamentos adicionais da gestão. (Cann et al, 1992) A medição regular de indicadores de qualidade do solo no mesmo local pode detetar alterações ao longo das estações ou dos anos e fornecer um alerta precoce para futuras alterações da vegetação. (USDA, 2001)

2.15.6. Os impactos da degradação do solo

Segundo a Idaho Association of Soil Conservation (IASC, 2010), a degradação do solo, principalmente através da erosão acelerada pelo vento e pela água, provoca uma perda direta e muitas vezes irreversível da saúde das pastagens. A degradação do solo não só danifica o próprio solo como também perturba o ciclo dos nutrientes, a infiltração da água, a germinação das sementes, o desenvolvimento das plântulas e outros processos ecológicos que são componentes importantes dos ecossistemas das pastagens. Para além disso, a degradação do solo prejudica as bacias hidrográficas, o que conduz a uma maior degradação dos ecossistemas de pastagem e à poluição da água. Os indicadores da estabilidade do solo e da função das bacias hidrográficas devem ser fundamentais para a avaliação da saúde das pastagens.

2.16. Posse da terra no Cordofão do Sul

A maior parte das zonas rurais do Sudão é dominada por uma população de pastores e agro-pastores que dependem totalmente da terra e dos seus recursos naturais para a sua subsistência. O sistema tradicional de posse dos recursos naturais costumava ser eficaz para satisfazer as necessidades dos pastores e dos agricultores sem prejudicar o ambiente em geral. No entanto, o aumento da população humana e animal, a expansão horizontal da agricultura mecanizada e a série de secas que afectam ecossistemas frágeis, por exemplo, os das regiões setentrionais dos estados do norte do Sudão, estão a levar ao colapso do sistema de posse. Este agravamento da situação perturbou as rotas de transumância e obrigou os pastores a deslocarem-se mais para sul. Este movimento obrigatório sujeita os nómadas a conflitos com os utilizadores de terras agrícolas e pastoris existentes. (Elhassan, 2007)

2.17. Mudança no uso da terra e seus impactos na pastagem:

A agricultura foi e continua a ser a principal atividade económica, seguida da criação de gado segundo o padrão tradicional de transumância sazonal, da criação de gado nas aldeias e, como elemento recente, da criação de gado por comerciantes mecanizados em grande escala - agricultores que investem os excedentes de riqueza em gado (FAO, 1989). A extração de goma, a coleta e o comércio da produção florestal e a queima de carvão são outras formas tradicionais de atividades econômicas (FAO, 1989); muitas pessoas obtêm seu rendimento de várias combinações das três principais formas de uso da terra: agricultura, pastagem e floresta.

A pressão humana sobre as pastagens manifesta-se na procura de terras de cultivo, pastagens e produtos florestais, é imperativo que estas exigências sejam acomodadas na medida do possível, a fim de obter a cooperação da população rural sedentária e nómada na proteção e gestão das pastagens, esta necessidade de gestão estratégica das pastagens e das florestas resulta do desejo de acomodar as exigências humanas sobre as pastagens (FAO, 1989).

De acordo com (NEPAD e FAO, 2005), em grandes áreas do país, a produção agrícola e a pecuária competem pela terra e pelos recursos hídricos. Os conflitos surgem em áreas onde a produção agrícola está localizada em rotas tradicionais de criação de gado. Por conseguinte, é importante investir em programadores que resolvam esses *conflitos* e, assim, optimizem a utilização sustentável da terra e dos recursos hídricos através da introdução bem sucedida de abordagens integradas de culturas e pecuária. Isto é suscetível de incluir medidas para resolver questões de posse da terra. A abordagem integrada teria também de considerar os aspectos sociais e económicos do emprego de mão de obra versus a utilização de máquinas na produção agrícola. O programa integrado aumentaria a produtividade das culturas através da adoção de tecnologias adaptativas adequadas baseadas nos conhecimentos indígenas, de melhores serviços de comercialização e de ligações de transferência de tecnologias, a fim de transformar finalmente os sistemas tradicionais de agricultura de subsistência em sistemas de produção comercial.

Apesar das políticas relacionadas com a estabilização macroeconómica, as reformas da posse da terra e o reconhecimento socioeconómico e político por parte do governo da importante contribuição dos recursos pastoris, a degradação dos recursos das pastagens continua a ser um grande desafio.

Esta situação das pastagens é complicada à luz de dois factores cruciais. O primeiro é o crescimento da população, que se traduz no aumento da procura de alimentos, o que tradicionalmente implica a abertura de mais terras para culturas e o aumento do número de cabeças de gado. O segundo fator está relacionado com políticas ambientais e de conservação divergentes devido à crescente utilização competitiva da terra (Mugerwa, 2001).

Até à data, não foi possível satisfazer a crescente procura de alimentos através da expansão das terras cultivadas ou do pastoreio extensivo de gado. Em vez disso, há uma pressão crescente sobre as pastagens. As políticas relacionadas com a conservação dos recursos naturais em termos de "proteção", como as reservas florestais estatais, as reservas de caça e os parques nacionais, estão sujeitas a uma abordagem reformulada sob a forma de uma utilização sustentável sensata (Mugerwa, 2001).

De acordo com a NEPAD e a FAO, (2005), a necessidade de aumentar a "produtividade" para satisfazer a procura crescente de alimentos está associada à necessidade de utilização sustentável dos recursos naturais, particularmente das pastagens. Em muitos países, o governo apela a uma abordagem para promover uma estratégia de desenvolvimento integrado que estimule a produtividade e induza a adoção de práticas de gestão sustentável dos recursos. É dada uma atenção especial a esta questão através da revisão constante das políticas relacionadas com a posse da terra, o ambiente, as zonas húmidas, as pastagens, as florestas e os parques nacionais. Consequentemente, foram consideradas seriamente as opções políticas e institucionais para a gestão das pastagens nas zonas secas. (Fashir, 2008)

2.18. Os impactos do pastoreio em liberdade nos sistemas ecológicos

O consumo de plantas por herbívoros introduz um nível adicional de alimentação entre os produtores primários e os decompositores, mas a questão é saber como é que o pastoreio influencia o fluxo de energia e o ciclo de nutrientes nos sistemas ecológicos. Num dilema ecológico, a percentagem da produção primária anual acima do solo utilizada pelos herbívoros varia muito, mas as estimativas situam-se geralmente entre 20 e 50% (Scott *et al,* 1979, Detling, 1988). Embora possam ocorrer níveis de utilização muito mais elevados, superiores a 90%, estes estão geralmente limitados a regiões ou anos específicos. Uma porção ainda menor da produção primária anual total é utilizada por herbívoros domésticos, porque aproximadamente 60 a 90% ocorre abaixo do solo em sistemas de pastagem (Sims e Singh 1978, Stanton 1988). O dilema ecológico fundamental encontrado nos sistemas de pastagem é a incapacidade de otimizar simultaneamente a interceção. E a conversão da energia solar em produção primária e a colheita eficiente da produção primária pelos herbívoros (Parsons *et al,* 1983). O pastoreio severo garante que a produção disponível seja colhida de forma eficiente, mas acaba por reduzir a produção ao minimizar a captação subsequente de energia solar.

O pastoreio pode também modificar a taxa e o padrão do fluxo de energia nos sistemas ecológicos, influenciando a disponibilidade de nutrientes. A disponibilidade de nutrientes, por sua vez, determina a eficiência com que os organismos adquirem e processam energia. O pastoreio afecta o ciclo dos nutrientes, acelerando a taxa de conversão dos mesmos.

De uma forma orgânica (aminoácidos e proteínas) para uma forma inorgânica (nitrato e amónio), este processo, denominado mineralização, é fundamental para a produção de pastagens, porque uma grande parte dos nutrientes essenciais está ligada à matéria orgânica

dentro do solo (Wilkinson e lowrely, 1973 e Woodmansee *et al,* 1978). No entanto, apenas os nutrientes em formas inorgânicas específicas estão disponíveis para absorção pelas plantas.

O pastoreio é tradicionalmente visto como tendo um impacto negativo na taxa subsequente de captação de energia e na produção primária nos sistemas de pastoreio através de uma série de efeitos diretos por redução da capacidade fotossintética, associada a uma diminuição da área vital e dos atributos morfológicos, e os compostos bioquímicos influenciam a probabilidade e a gravidade do pastoreio, afectando a acessibilidade e a probabilidade dos tecidos. O pastoreio também afecta indiretamente o desempenho das plantas, alterando as propriedades microclimáticas do solo e a interação competitiva das plantas. Assim, o pastoreio pode afetar diretamente a quantidade, a qualidade e a sazonalidade da produção vegetal e estes efeitos podem estar associados a alterações na fisiologia e morfologia das plantas resultantes da desfoliação e do pisoteio.

2.19. As dimensões sociais do sistema de pastoreio aberto

A flexibilidade dos movimentos dos animais é progressivamente prejudicada pelo aumento da pressão demográfica e pela perda de corredores entre as zonas de pastagem da estação húmida e da estação seca. O gado concentra-se cada vez mais durante todo o ano nas mesmas terras, quebrando o ciclo ecológico de utilização alternada das zonas de pastagem da estação húmida e da estação seca, o que conduz a uma sobreutilização das terras de pastagem da estação seca e, inevitavelmente, ao sofrimento humano. Este aumento da pressão resulta frequentemente em guerra, como o demonstra o recente confronto entre Masiraya e Danga nuk e muitos conflitos armados na África Oriental. Na região de Borana, no sul da Etiópia, devido ao crescimento da população autóctone, o número de bovinos produtores de leite por habitante da população pastoril está a diminuir. Em consequência, os pastores enfrentam uma pobreza crescente, níveis decrescentes de energia alimentar e um maior risco dos efeitos da seca (Coppock 1996). Além disso, o maior número de pessoas na região significa que a lenha está a ser cortada a um ritmo cada vez maior. O resultado inevitável de todas estas pressões é a degradação da terra. A seca agrava frequentemente estas situações e, de facto, a capacidade de recuperação após a seca é um dos principais indicadores da sustentabilidade ambiental e social a longo prazo dos sistemas de pastagem áridos.

2.19.1. Papel económico e cultural do gado no Cordofão do Sul

A NEPAD e a FAO (2005) referem que o gado é uma parte integrante da vida rural no Cordofão do Sul e que a criação de gado bovino, caprino e ovino proporciona muitos benefícios ao nível do agregado familiar ou da aldeia. Estes incluem o consumo regular ou irregular (habitual) de proteínas animais como a carne ou o leite, fluxos de rendimento regulares ou irregulares, estatuto social, controlo de ervas daninhas numa série de sistemas de cultivo, consumo de resíduos de culturas, transporte, força de tração, estrume para o cultivo e até peles para vestuário ou venda. O pastoreio também proporciona um rendimento rápido a partir de muitos tipos de prados que não têm opções sustentáveis de culturas anuais.

No entanto, há uma variação considerável nas actividades pecuárias na localidade de El Dilling, e normalmente os pequenos proprietários estão envolvidos com várias espécies animais. A maior parte dos colonos cria gado bovino, ovino e caprino. O gado é classificado como não comercial e é utilizado para a segurança alimentar do agregado familiar e para a tração, sendo os bois vendidos no fim da sua vida ativa. (PNUD, 2006).

2.19.2. Conflitos pelos recursos naturais

A maior parte das zonas rurais do Sudão é dominada por uma população de pastores e agro-pastores que dependem totalmente da terra e dos seus recursos naturais para a sua subsistência. O sistema tradicional de posse dos recursos naturais costumava ser eficaz para satisfazer as necessidades dos pastores e dos agricultores sem prejudicar o ambiente em geral. No entanto, o aumento da população humana e animal, a expansão horizontal da agricultura mecanizada e a série de secas que afectam ecossistemas frágeis, por exemplo, os das regiões setentrionais dos estados do norte do Sudão, estão a levar ao colapso do sistema de posse (PNUD, 2006: Ahmed, W. e Abu Sabah, M, 1993). Este agravamento da situação perturbou as rotas de transumância e obrigou os pastores a deslocarem-se mais para sul. Esta deslocação obrigatória sujeita os nómadas a conflitos com os utilizadores de terras agrícolas e pastoris existentes. Além disso, a atual legislação sobre o sistema de subsistência pastoril está fragmentada e não é compatível com as regras locais consuetudinárias existentes. O sistema formal de atribuição de terras também marginalizou os direitos e procedimentos consuetudinários. (Elhassan, 2007)

Embora a legislação consuetudinária estabeleça que as terras agrícolas após a colheita estão sujeitas a pastagem pública, durante o período de cultivo, de meados de julho a meados de janeiro, não é permitida a entrada de animais nos campos. Este período coincide com

A época de maior pressão sobre os recursos pastoris na região. Os conflitos entre pastores e agricultores residentes sobre os danos causados às culturas estão a aumentar devido ao aumento do número de animais na área, bem como à expansão dos campos produtivos para áreas que eram utilizadas para pastagem e corredor de gado (Egeimi *et al,* 2003: Ahmed, W. e Abu Sabah, M, 1993).

De acordo com (Elhassan, 2007 e PNUD, 2006), a questão da legislação, a procura de água, de forragem e de rotas seguras para o gado não se limitam aos estados do Norte, mas também se manifestam, em certa medida, em muitas zonas do Sul do Cordofão. Além disso, a guerra civil, as fricções intertribais e os combates entre milícias no Sul provocaram um estado de insegurança que, por sua vez, criou novas pressões sobre a deslocação do gado entre as pastagens sazonais. De particular importância são as rotas de gado (Maraheel) que são corredores reconhecidos para a circulação de animais através de áreas cultivadas entre pastagens sazonais. Os conflitos ao longo destas rotas tornaram-se comuns na localidade de El Dilling e são geralmente desencadeados pela procura crescente de terras de cultivo, pela expansão da agricultura mecanizada, pela escassez de pontos de água e pela degradação das terras. Foram criados regulamentos, acordos, actos e comités de resolução para governar as rotas de transumância, mas estes permaneceram ineficazes devido à falta de envolvimento satisfatório de agricultores e pastores. (PNUD, 2006)

CAPÍTULO TRÊS

ÁREA DE ESTUDO

3. Generalidades:

O Sudão é um país grande, com uma área de 1.188.000 km^2, segundo dados do Ministério da Informação em 2011. Esta área estende-se por diferentes zonas ecológicas, incluindo o deserto, o semi-deserto, a savana de baixa pluviosidade e a savana de alta pluviosidade, para além das regiões montanhosas. O Sudão está situado na parte norte de África, entre as longitudes 49°:21" 38°:34' E e a latitude 23° 8' - 45°.00. É conhecido pelos seus ricos recursos naturais, hídricos e florestais. A população do Norte do Sudão está estimada em 33 419 652 habitantes após a separação do Sul do Sudão (Ministério da Informação, 2011). A precipitação média varia entre menos de 25 mm nas regiões do norte e 800 mm nas regiões do sul. A temperatura diária principal varia entre um máximo de mais de 40°C na parte norte e um mínimo de 6°C em Jebal Marra, no Sudão ocidental. Os solos argilosos predominam nas planícies centrais e os solos arenosos no norte e no oeste do Sudão. O rio Nilo atravessa o país de sul a norte, atravessando-o longitudinalmente (Babeker, 2012)

As pastagens e os meios de subsistência conexos, incluindo a criação de gado e a agricultura de subsistência, são as actividades principais e dominantes nas zonas semi-áridas do Sudão.

As terras secas do Sudão cobrem aproximadamente 60% do país. Uma das questões recentes mais importantes que o Sudão enfrenta, bem como muitos países africanos, é a ameaça de seca e desertificação contínuas que resultam da destruição dos recursos naturais, das terras agrícolas e da sua perturbação política e social (Ministério da Informação, 2011).

De acordo com o IFRPI e o IFAD (2006), cerca de 70% da população vive em zonas rurais. A taxa média anual de crescimento da população é de 2,6%, mas esta taxa varia significativamente entre as diferentes regiões, bem como entre as zonas urbanas e rurais. Muitas comunidades rurais vivem em relativo isolamento ou em zonas remotas. Apesar da sua riqueza em recursos naturais, a pobreza é um problema generalizado no Sudão, especialmente nas zonas rurais do Oeste, Leste e Sul do país, onde a economia assenta na agricultura de subsistência e na produção tradicional de gado. Para além dos factores ambientais e económicos, uma guerra civil prolongada afectou significativamente a pobreza nestas zonas, onde a violência e a insegurança conduziram a uma grave deterioração dos serviços sociais, das infra-estruturas e das redes de mercado (IFRPI e FIDA, 2006).

O Estado do Cordofão do Sul cobre uma área de aproximadamente 158.355 km2, a maior parte da qual foi afetada pela insegurança devido à guerra civil. O Cordofão do Sul inclui nove localidades (Abou Jubaiha, Al-Rashad, Dilling, Kadugli Keilak, El Salam, Lagawa, Abie e Taloudy), a localidade de Dilling inclui sete unidades administrativas, nomeadamente Dilling, Eldeibabat, Celara, Dalami, Hmadi, Habiela e Korkol, como mostra o mapa (IFRPI e FIDA, 2006).

A região é rica em recursos naturais, entre os quais se destaca uma vasta área de pastagem utilizada tanto para a criação de gado como para a produção de culturas. Desempenha um papel vital na economia e no bem-estar das populações rurais. A situação de insegurança provocou um aumento da população no Cordofão meridional, associado a uma procura crescente de produção alimentar nas pastagens, o que resultou numa maior pressão sobre os recursos das pastagens (FIDA, 2006).

Os efeitos combinados das secas recorrentes e da diminuição da disponibilidade de pastagens resultaram em grandes mudanças na propriedade dos animais e nos sistemas de produção. Os pastores estão a instalar-se cada vez mais em zonas de cultivo, cultivando principalmente sorgo e painço como cereais de base. O aumento da população humana e do número de cabeças de gado, o declínio da disponibilidade de pastagens e a expansão das áreas cultivadas aumentaram consideravelmente a pressão sobre os recursos terrestres disponíveis e levaram ao declínio da fertilidade do solo, que já é muito frágil (Kayouli, 2002).

Nos sistemas agrícolas tradicionais, estão envolvidas várias componentes com diferentes níveis de importância. A pressão humana sobre as pastagens manifesta-se na procura de terras de cultivo, pastagens e produtos florestais. É imperativo que esta procura seja satisfeita na medida do possível, a fim de obter a cooperação da população rural sedentária e nómada na proteção e gestão das pastagens. O resultado é uma combinação desequilibrada de sistemas de criação de gado e de agricultura que mantém e aumenta a instabilidade do ambiente.

3.2. Localização:

O presente estudo foi efectuado na parte central do Sudão, no estado do Cordofão do Sul, numa área situada aproximadamente entre a latitude 10° 50' e 20:°00N e a longitude 28° 05' e 30°: 10 E. Abrange uma área de cerca de 158,355 Km^2; altitude média de 600 metros acima do nível do mar, 800km^2 são zonas montanhosas. (Mohamedian, 2009)

O estudo foi efectuado na localidade de El Dilling que se situa entre as latitudes 12°:25 - 10°:19N e longitude 29°:00-30°:04 E, (Annon, 2007)

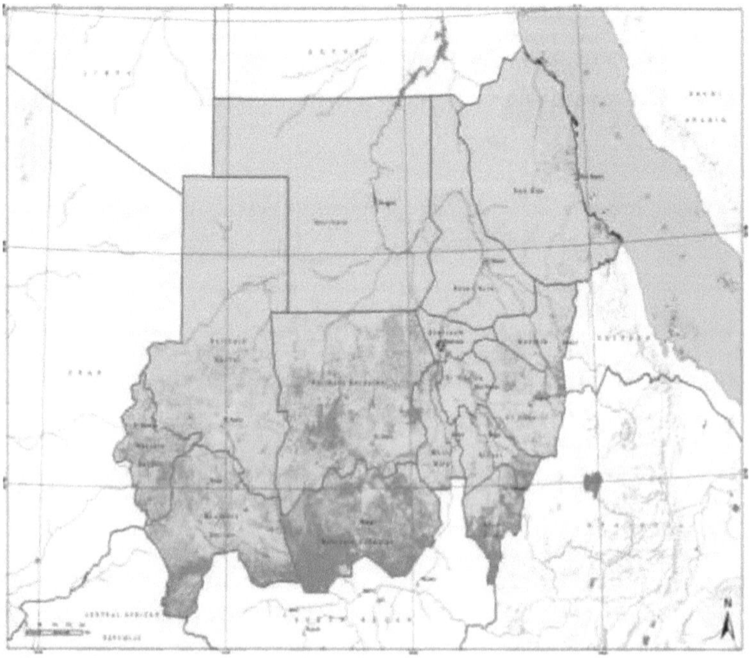

Mapa: O número (3.1) mostra o mapa do Sudão

Fonte: FAO (2012)

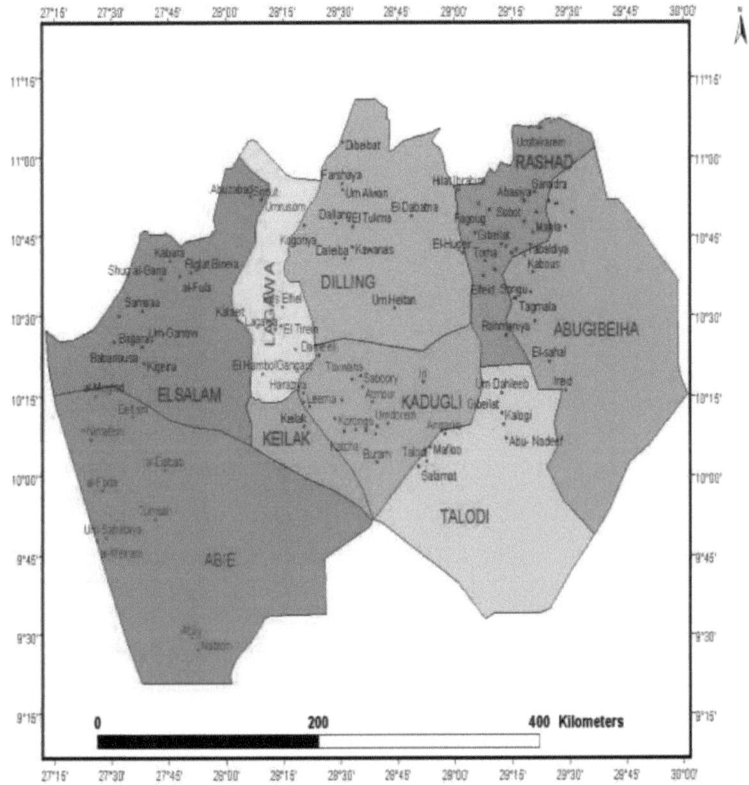

Mapa: O número (3.2) mostra o mapa do sul do Kordfan

Fonte do mapa: Departamento de Estudos do Sudão (2011).

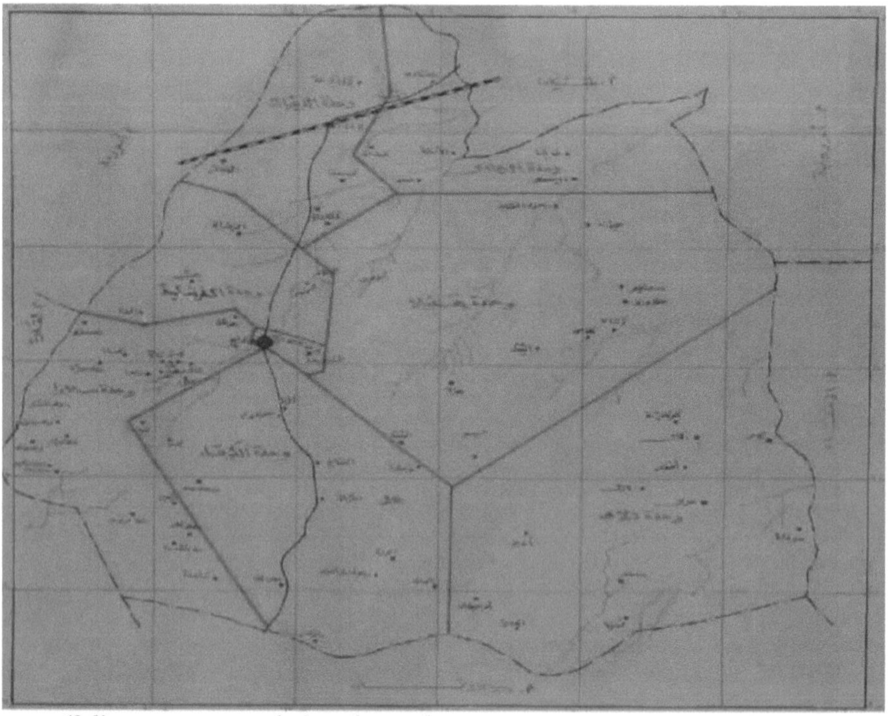

O mapa (3.3) mostra o mapa da área de estudo

Fonte: FAO (2012)

3.3. Clima:

O clima da área de estudo pode ser explicado pelo clima geral do país. O fluxo de vento sazonal que afecta o país também afecta a área. As variações observadas devem-se, em parte, à natureza topográfica da zona montanhosa de Nuba e, em parte, ao terreno e à planície aluvial da zona norte. O clima é semi-árido em grande parte do Cordofão do Sul.

3.3.1. Temperaturas: variam de 42°C no máximo a 24°C no mínimo em maio e 31°C no máximo e 13° C no mínimo em janeiro, os dois picos são cerca de 40,1°C em abril e 32,5°C em novembro em El Dilling (IFAD, 2006).

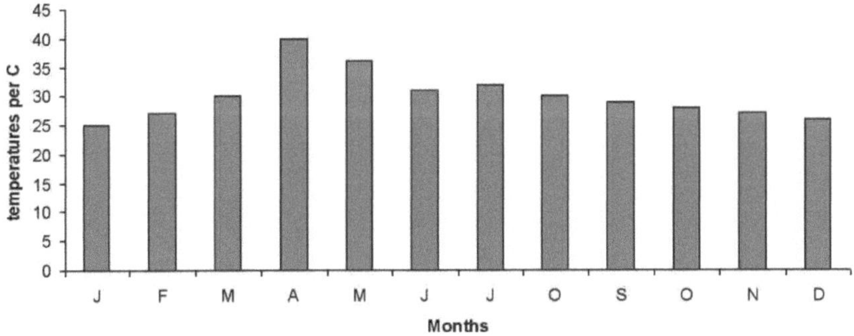

Figura (3.1): Temperatura média da localidade de El Dilling /C° (2000 - 2011)

3.3.2. Precipitação: a precipitação na zona é muito variável. A variação da precipitação anual é de 536 a 812 mm na localidade de EL Dilling. As médias anuais de precipitação são superiores a 750 mm em partes do sul. A área também é caracterizada por ventos relativamente fortes e por secas frequentes. Nas últimas duas décadas, o número médio de secas nas áreas de precipitação elevada no Cordofão do Sul, onde a média é de um ano em cada dez anos (IFAD, 2006).

Quadro (3.1) variabilidade da precipitação no Cordofão do Sul

seasons / Area	2000-2001	2001-2002	2002-2003	2003-2004	2004-2005	2005-2006	2006-2007	2007-2008	2008-2009	2009-2010	2010-2011
ElDilling	526.5	648.5	727.5	625.1	606.2	519.5	735.1	847.9	754.5	590	401.5
Habiela	427	425	498.5	695	588	511.5	734	846.6	776	634.1	556
Kadogli	529.8	418	577.5	699.5	843.3	677.2	813.8	-	-	-	646.2
Abugibeiha	614	638	526	812	661.5	662	671.5	959	457.4	371	711.6
Abbaseia	477	589	510	554.5	549.4	555.7	727.3	634	518	492.9	623
Celara	-	-	-	-	-	538	703	491.1	414.1	471.4	483
Talodi	-	-	-	-	-	556.5	724.4	631.1	520	455.7	646.2

Fonte: Ministério da Agricultura do Cordofão do Sul (2011).

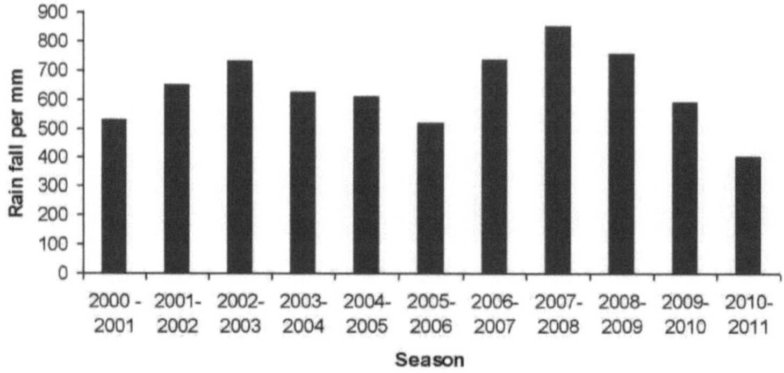

Figura (3.2): Precipitação anual da localidade de El Dilling (2000 - 2011)

3.3.3. Geologia: Do ponto de vista da sua morfologia, a área de estudo é composta por planícies planas ou onduladas, intercaladas por cadeias de colinas rochosas.

3.3.4. Solo: Em El Dilling predominam três tipos principais de solo, a saber

3.3.4.1. Vertissolos ou solos argilosos pesados e fissurados. Estes solos têm um elevado potencial de cultivo, uma vez que são ricos em minerais, mas são difíceis de trabalhar com as alfaias agrícolas tradicionais devido à sua dureza. Este tipo de solo cobre, nomeadamente, vastas zonas da localidade de EL DIlling.

3.3.4.2. Solos Gardoud. Trata-se de solos argilosos não fissurados, férteis e com boa capacidade de retenção de humidade.

3.3.4.3. Qoz ou solos arenosos. Este tipo de solo caracteriza a maior parte da parte norte da localidade de El Dilling e é também adequado para certos tipos de agricultura tradicional (IFRPI e IFAD, 2006).

3.4. Vegetação:

A vegetação é maioritariamente típica da savana subsaariana e inclui vários tipos de árvores, nomeadamente da espécie acácia, bem como arbustos e gramíneas anuais, que dependem em grande medida da precipitação e dos tipos de solo. As leguminosas arbóreas são importantes para uma variedade de formas de subsistência rural, como fontes de forragem, lenha, materiais de construção e gomas. Outras árvores também produzem frutos comestíveis, que são normalmente recolhidos pelas mulheres. A base de recursos de pastagem é maioritariamente utilizada para pastagem por pastores transumantes ou sedentários (IFAD e IFRPI, 2006).

A camada de vegetação das pastagens do Cordofão do Sul é dominada principalmente por plantas anuais e algumas plantas perenes, especialmente na zona de El Dilling. As principais comunidades de vegetação das pastagens estão distribuídas de acordo com os tipos de solo, e o estado das pastagens em geral pode ser classificado como muito bom, necessitando de gestão, planeamento e conservação.

A caraterística óbvia da pastagem de El Dilling é o predomínio de gramíneas e ervas juntamente com espécies de Acacia, que estão maioritariamente misturadas com árvores, constituindo 40-50% da cobertura total do solo. Durante a estação das chuvas, observam-se algumas ervas e gramíneas anuais *como: Cymbopogon nervatus, Aristida funiculata, A.hordaceae, Cassia tora, Schoenefeldia gracilis, Pennisetum ramosum, Eragrostis tremula, Cholris spp, Tetrapogon spp, Oldenlandia senegalesis Ipomea cordofanam e Solannuim dubium.* As plantas herbáceas são dominantes durante a estação das chuvas. O arvoredo contém as seguintes árvores e espécies lenhosas: Acacia *spp, Balanites agyptiaca, Boscia seneglalesis, Acacia nubica e Albizia amara.* A *Acacia spp* e a *Balanites aegyptiaca* são as espécies mais dominantes na área de estudo.

3.5. Água:

Não existem cursos de água perenes na maior parte da região do Cordofão. No entanto, o escoamento das chuvas torrenciais forma cursos de água efémeros que têm origem nas colinas e que correm durante um curto período de tempo durante a estação das chuvas. Para além disso, existem depressões naturais que fornecem fontes de água permanentes. Uma importante fonte de água, tanto para consumo humano como para a produção pecuária, são os lagos artificiais (hafirsj) que são utilizados para armazenar a água dos cursos de água efémeros e/ou do escoamento superficial das chuvas (IFAD, 2006).

As águas subterrâneas são uma importante fonte de abastecimento de água. Quatro formações geológicas principais fornecem aquíferos na área de estudo. O complexo rochoso do subsolo está subjacente a uma grande parte do sul e fornece aquíferos de baixo rendimento que são explorados principalmente por poços tradicionais e poços tubulares para bombas manuais para abastecimento de água potável (IFRPI e IFAD, 2006).

3.6. População:

De acordo com os dados do recenseamento de 2008, a população do Grande Cordofão é de aproximadamente 3,9 milhões de habitantes, com uma taxa de crescimento anual de 1,6%. Cerca de 2,4 milhões vivem no Cordofão do Norte, enquanto cerca de 1.406.404 vivem no Cordofão do Sul e cerca de 233.268 vivem na localidade de El Dilling.

A taxa de crescimento anual estimada da população é de cerca de 1,6%. Cerca de 47% da população tem menos de 15 anos e 4% tem mais de 60 anos. As mulheres constituem cerca de 53% da população em geral, mas existem diferenças consideráveis entre as diferentes partes da região, devido aos efeitos da guerra civil e das deslocações, e outros fenómenos sociais, como a emigração, são muito evidentes na população local.

A propriedade da terra por agregado familiar é de cerca de 30 ha, enquanto a terra efetivamente utilizada é de cerca de 11 milhões de ha ou 37% da região.

3.7. Agregados familiares:

Como já foi referido, a maioria dos agregados familiares rurais na área de estudo depende, em graus variáveis, da produção agrícola e pecuária. O tamanho médio das áreas cultivadas depende das zonas climáticas e varia de menos de quatro feddans na zona sub-húmida a mais de 50 feddans em solos arenosos na zona árida. A migração masculina em busca de emprego fora das explorações agrícolas nas zonas urbanas é também uma estratégia comum para ultrapassar a escassez de alimentos e o baixo rendimento das famílias rurais pobres. Consequentemente, um número substancial de agregados familiares que se dedicam à agricultura de subsistência e à produção de gado são chefiados por mulheres. Estes são geralmente mais pequenos e mais pobres do que os agregados familiares chefiados por homens (IFRPI e IFAD, 2006).

Os principais tipos de sistemas de subsistência são a pastorícia nómada e semi-nómada, a agro-pastorícia sedentária e a horticultura. A maioria consiste em agricultura de subsistência, sendo a exceção a horticultura, que é orientada para o mercado em graus variáveis. Dentro destas categorias principais de meios de subsistência, existem subcategorias que variam consoante as caraterísticas dos diferentes grupos tribais.

3.8. Relações sociais:

De acordo com o IFRPI e o IFAD (2006), as relações sociais nos diferentes sistemas de subsistência variam até certo ponto. No entanto, em geral, a sociedade rural está organizada em torno de linhas económicas, tribais e de género. Em relação ao género, em particular, deve notar-se que, até há pouco tempo, os homens dominavam a tomada de decisões em todos os contextos públicos na região, mesmo no que diz respeito às questões das mulheres. As mulheres tinham, portanto, uma presença fraca, embora desfrutassem e cultivassem redes sociais importantes, nomeadamente através de grupos de poupança e crédito. Além disso, as mulheres têm tradicionalmente uma posição proeminente na economia rural, desempenhando papéis fundamentais na produção de culturas (nomeadamente, mas não exclusivamente, em hortas domésticas e nas suas próprias parcelas agrícolas), na produção de gado (nomeadamente perto das propriedades), na comercialização local e na recolha de água e combustível. Atualmente, as decisões que afectam as comunidades como um todo ainda tendem a ser tomadas pelos anciãos do sexo masculino; no entanto, as mulheres estão a adquirir uma voz mais pública, particularmente em resultado da sua inclusão em comités de aldeia envolvidos em projectos de desenvolvimento patrocinados por doadores.

CAPÍTULO QUATRO
MATERIAIS E MÉTODOS

4.1. Geral:

O estudo foi efectuado nas pastagens da localidade de EL Dilling, no estado do Cordofão do Sul, que se situa a cerca de 165 km^2 a sudoeste da cidade de EL Obied, durante os anos de 2010 a 2011. A área situa-se aproximadamente entre as latitudes 29°:00- 32°:00E e as longitudes 10°:00- 12°:00N. Abrange uma área de cerca de 135 000 W. A altitude média é de 600 m acima do nível do mar (SKRDP-NKRDP, 2002). O clima da localidade de Dilling é semi-árido, a precipitação é de cerca de 300mm - 800mm, as temperaturas variam entre 42c° e 24c° em maio e 31c° e 13c° em janeiro (IFAD, 2006). O objetivo deste estudo foi avaliar os impactos do sistema de pastoreio aberto nos atributos da vegetação e na produtividade da biomassa. A avaliação foi efectuada em duas épocas do ano 2010 - 2011.

4.2. O conceito de estudo:

O conceito principal do estudo baseia-se na avaliação dos impactos do sistema de pastoreio aberto em algumas componentes ambientais da pastagem, nomeadamente atributos das plantas, sinais de degradação do solo e dimensão socioeconómica na localidade de Dilling. A pastagem foi dividida em três locais, incluindo pontos de água redondos, locais de pastoreio e locais não pastoreados. Para avaliar e interpretar como indicadores do processo de pastoreio. Os dados foram recolhidos para avaliar a degradação das pastagens em termos de indicadores e critérios. Neste estudo, foram testados vários indicadores, incluindo atributos da vegetação, como a composição e a frequência das plantas, a cobertura do solo, a produção de biomassa, o sinal de degradação do solo e a avaliação do banco de sementes.

4.3. Amostragem:

As pastagens da localidade de El Dilling foram divididas em três sítios de acordo com o grau de utilização (pontos de água redondos, sítios de pastagem e sítios não pastados), tendo sido selecionados aleatoriamente três pontos de água de entre 24 pontos de água permanentes. Três locais de pastagem foram também selecionados aleatoriamente, enquanto o local sem pastagem foi selecionado no meio de dois locais. Para a medição da vegetação, foi utilizado o método do laço de Parker (Parker e Hirris, 1959) para medir a composição relativa das plantas e a cobertura do solo da pastagem. Os transectos foram delineados com fita de 100 metros e um laço de % colocado ao nível do solo a intervalos de um metro. As espécies de plantas foram registadas com base na coroa de raízes vivas que cobria 0,5 do tamanho da ansa; cada espécie de planta foi registada pelo seu nome científico e utilizada uma folha de registo. Para além do método da quadratura (Wilm et al, 1944), foi utilizado um procedimento de amostragem dupla para determinar a densidade relativa das plantas, a frequência das plantas e a produtividade da biomassa.

4.4. Composição das plantas e composição relativa das plantas

A composição de espécies refere-se ao total de plantas observadas a partir do número total de ocorrências, enquanto a composição relativa de plantas se refere à contribuição de cada espécie de planta individual para a percentagem total de plantas quando utilizado o método de Parker loop (Parker e Harri, 1959). A observação medida ao longo da linha de transecto será normalmente constituída por espécies de plantas, folhada, solo nu, rocha e queda de animais ou cinturas. Para calcular os atributos da vegetação, são utilizadas as seguintes fórmulas

$$\text{Plants cover} = \frac{\textit{total hits of all plants specieces}}{\textit{total hits}} \times \%100$$

$$\text{Relative plants composition} = \frac{\textit{total hits of each plants specieces}}{\textit{total hits of all plants}} \times \%100$$

$$\text{Percent of bare soil} = \frac{\textit{Total hits of bare soil}}{\textit{tatal hits}} \times \%100$$

$$\text{Percent of plants litter} = \frac{\textit{Total hits of litter}}{\textit{total hits}} \times \%100$$

4.5. Produtividade da biomassa:

A produção anual de biomassa acima do solo é um indicador da energia captada pelas plantas e da sua disponibilidade para consumo, dadas as condições corretas das pastagens. Enquanto a camada de compactação na camada próxima da superfície do solo denso é causada por impactos repetidos dos animais de pastagem.

Os dados sobre a biomassa acima do solo recolhidos no campo são utilizados para testar os impactos do sistema de pastoreio aberto na produtividade das pastagens em três locais (um ponto de água redondo, um local de pastoreio e um local não pastoreado), utilizando o método de amostragem dupla (Wilm *et al,* 1944). A amostragem foi concluída em outubro, no espaço de dois anos, utilizando quadrículas de 11 m em cada um dos três locais de estudo. A biomassa acima do solo é medida com a técnica de colheita em que as amostras de culturas em pé foram cortadas acima de 2,5 cm ao nível do solo, sendo o material vegetal recolhido em sacos de papel. Todas as amostras foram secas em estufa a 104 °C durante 48 horas antes de serem pesadas. A produtividade do intervalo foi calculada utilizando a seguinte fórmula

$$\text{Range productivity per /m} = \frac{average\ biomass/m^2 \times 10000 \times 0.5}{100000} = ton/ha/\text{years}$$

4.6. Frequência:

A frequência é a percentagem do total de quadrículas que contêm pelo menos um indivíduo enraizado de uma determinada espécie. É determinada pelo registo dos nomes das espécies que aparecem nas quadrículas. As frequências foram calculadas utilizando a seguinte fórmula:

$$\text{Species frequency} = \frac{The\ number\ of\ quadrate\ contaning\ the\ individual\ species}{The\ total\ number\ of\ quadrate\ taken} \times \%100$$

4.7. Densidade das plantas e densidade relativa das plantas:

A densidade é o número total de espécies de plantas por unidade de área, expresso como (planta/unidade), e é determinada pela contagem de todas as plantas enraizadas em quadrículas. Enquanto a densidade relativa das plantas é o número de espécies de plantas individuais por unidade de área, neste estudo utilizou-se um quadrado de 1 x 1 metro para determinar a densidade das plantas. A densidade foi calculada utilizando as seguintes fórmulas:

$$\text{Average plants density per/meter square } \frac{Total\ number\ of\ plants\ species\ in\ all\ quadrate}{Total\ number\ of\ quadrates}$$

$$\text{Relative plants density per/meter} = \frac{Total\ number\ of\ individual\ plants\ species}{Total\ number\ of\ quadrate}$$

4.4. Cobertura do solo:

A cobertura do solo é um indicador fundamental da saúde das pastagens, é a vegetação (viva e morta), as crostas biológicas e as pedras que estão em contacto com a superfície do solo (Steward *et al,* 2011), e é calculada contando todos os componentes sem incluir o solo nu.

4.5. Capacidade de carga:

A capacidade de carga foi calculada de acordo com as necessidades do gado tropical (7,5 kg por dia) Darrag, 1988). Foi determinada como hectare/unidade animal/ano (Ha/Au/y). De acordo com a FAO, 1980), a capacidade de carga foi calculada da seguinte forma;

Capacidade de carga = produtividade da pastagem /unidade/ano = 7,5 un/dia

UN = unidade animal

7,5 kg = o consumo em kg de uma unidade de animais tropicais com um peso de 250 kg

4.6. Avaliações do banco de sementes:

Amostragem do banco de sementes: Foram recolhidas 72 amostras de solo em três locais para avaliar o banco de sementes. Foram colhidas 12 amostras de solo de 10x10 cm com duas profundidades diferentes (0 - 10 cm) e (10 - 20 cm) de cada local (quatro de cada transecto) e colocadas em papel de filtro. O solo foi misturado e foram preparadas subamostras de 250/gm para lavagem. A amostra de solo foi lavada utilizando três peneiras (1,0, 0,5 e 0,25 mm). Cada 250 g de solo foi colocado nas peneiras superiores e lavado com 250 ml de água durante 20 a 25 minutos, depois colocado num tabuleiro e transferido para um copo de 500 ml e agitado. As sementes mortas flutuantes foram filtradas, utilizando um funil com papel de filtro no seu interior, depois o funil foi colocado num frasco cónico ligado a uma bomba de vácuo para ajudar a filtração. O resíduo filtrado no papel de filtro foi transferido para uma placa de Petri de 9 cm e as sementes mortas. Cerca de 250 mm de cacl2 foram adicionados ao mesmo resíduo de amostra. O material flutuante que se destacou foram as sementes vivas (Gaiblallah, 1994).

4.11. Classificação das sementes:

As sementes foram classificadas e comparadas com amostras de sementes de referência preparadas a partir de sementes recolhidas de plantas na área de estudo, utilizando lentes de microscópio. As sementes classificadas das espécies em cada amostra foram contadas e registadas.

4.12. Densidade das árvores:

O método do quarto central do ponto (Cottam e Acurtis, 1956) foi utilizado para medir a densidade das árvores. Em três locais foram identificados pontos aleatórios. As áreas à volta de cada ponto foram divididas em quatro quartos e foram escolhidas as árvores mais próximas em cada quarto. A distância das árvores identificadas foi medida a partir do ponto aleatório. Em seguida, as distâncias médias de todos os tipos de árvores foram tomadas e registadas individualmente, tendo a densidade de cada espécie de árvore por hectare sido calculada utilizando a seguinte fórmula

$$\text{Tree density} = \frac{10000}{(\text{Average distance, in meter})^2}$$

4.13. Avaliação dos impactos do sistema de pastoreio aberto nos aspectos socioeconómicos:

Para analisar e avaliar a dimensão socioeconómica e social do sistema de pastagem aberta e os seus impactos, foi utilizada a análise estatística descritiva. O questionário foi concebido para recolher informações junto dos proprietários de animais e utilizadores de terras de pastagem sazonal, abrangendo os seguintes tópicos, conforme o apêndice: tendência das terras de pastagem, mapa de utilização das terras, fontes de pontos de água, tipo de animais, sinais de degradação do solo e degradação ambiental. Um total de 120 inquiridos selecionados aleatoriamente representava 6% do número total de pastores que utilizavam terras de pastagem sazonal na área de estudo (de acordo com o líder do sindicato dos animais na localidade de Dilling)

4.14. Análise estatística

Os dados dos atributos da vegetação foram organizados, tabulados e analisados utilizando equações padrão de medidas de alcance. Todos os dados foram testados por meio de análise estatística (ANOVA) utilizando o teste t pareado (SAS, 1988) para comparar as diferenças nos atributos da vegetação nos três locais e as diferenças entre as médias foram comparadas. Os dados relativos aos aspectos socioeconómicos foram analisados utilizando o pacote SPSS.

CAPÍTULO CINCO

RESULTADOS E DISCUSSÃO

5.1. Geral

O pastoreio tem sido uma das principais actividades de utilização da terra no sul do Cordofão e continua a ser uma utilização importante, mas muitas vezes o pastoreio tem sido mal gerido e tem levado a uma perda de solo em grande escala. Este estudo foi realizado para avaliar os impactos do sistema de pastoreio aberto em atributos de interesse primário, como a cobertura do solo, a diversidade de espécies vegetais e a composição botânica, utilizando indicadores de medição de plantas, e foi utilizado um questionário para avaliar a situação socioeconómica na zona no que respeita à utilização das pastagens. Atualmente, muitas pastagens apresentam sinais de degradação ou de sobrepastoreio. Ambas as condições resultaram na redução do ambiente das pastagens em termos de cobertura vegetal, composição das plantas, densidade das plantas desejáveis, aumento das espécies de plantas não palatáveis e destruição da estabilidade do solo. A maior parte das pastagens na área de estudo é pastoreada extensivamente durante o ano por pastores nómadas e estabelecidos. Nessas áreas, a deterioração das pastagens é o fenómeno mais frequente, especialmente em torno dos pontos de água e, claro, nas terras de pastagem. Os resultados que se seguem mostram claramente que os impactos do sistema de pastoreio aberto nas componentes ambientais das pastagens são graves na localidade de Dilling. É necessária uma mudança nas práticas de pastoreio para evitar a degradação das pastagens.

5.2. Medição da vegetação:

Tabela (5.1) a variação da composição das plantas, do solo nu e da folhada em torno dos pontos de água, do local de pastoreio e dos locais sem pastoreio em duas estações

Parameter Measured	R. W.P sites		Grazed sites		un-grazed sites		Sign
	season 2010	season 2011	Season 2010	Season 2011	Season 2010	2011	
Bare soil (%)	41	53	26.8	30.7	0.5	1.2	**
Litter (%)	34.1	17.2	31.6	30.3	9	10.1	**
T.P.compositon(%)	24.8	30.2	41.6	40	90	88.8	***
Total (%)	100	100	100	100	100	100	

RWP= pontos de água redondos

*=p<0,1 - ***=p<0,001- T.P = plantas totais

Tabela (5.1.2) A variação da composição média das plantas, do solo nu e da folhada nos três sítios quando se utiliza o método do laço de Parker

Parameter Measured	R. W.P sites Average	Grazed sites Average	un-grazed sites Average	Sign
Bare soil (%)	47	28.8	0.9	**
Litter (%)	25.7	31	9.6	**
T.P.compositon (%)	27.5	40.8	89.4	***
Total (%)	100	100	100	

RWP= pontos de água redondos *=p<0,1 - ***=p<0,001- T.P = plantas totais

5.2.1. Solo nu:

O resultado na tabela (5.1) indica uma variação da percentagem média de solo nu em três locais. A deterioração em torno dos pontos de água foi muito elevada, 41% na época de 2010 e 53% na época de 2011, seguida pela área de pastagem que registou 26,8% na época de 2010 e 30,7% na época de 2011, enquanto o solo nu no local não pastoreado foi muito baixo e registou 0,5% na época de 2010 e 1,2% na época de 2011. O elevado aumento significativo (P<0,001) da média de solo nu em torno de pontos de água pode ser atribuído à alta pressão de pastoreio, e estes locais sujeitos a altas temperaturas e taxas de evaporação, porque o solo nu é mais quente e seco. E menos suscetível de permitir a germinação de novas plantas. Também pode ser atribuído a um habitat pobre para microrganismos e insectos que melhoram o ciclo de nutrientes, por outro lado; houve uma diminuição distinta da pressão de pastoreio com o aumento da distância da água. Consequentemente, as elevadas percentagens de solo nu (solo) estavam em maior risco de escoamento e erosão (erosão eólica e hídrica). O solo degradado em concentrações mais elevadas pode afetar tanto a hidrologia de um local como a sua comunidade biótica.

5.2.2. Ninhada:

O resultado na tabela (5.1) mostra a variação da percentagem média de folhada nos três locais.

A redução em torno de pontos de água foi muito alta 34,1% na temporada de 2010 e 17,2% na temporada de 2011 seguido por área de pastagem 31,6% na temporada de 2010 e 30,3% na temporada de 2011, enquanto a cama em local não pastoreado foi baixa apenas 9% na temporada de 2010 e 10,1% na temporada de 2011. As elevadas diferenças significativas (P<0,01) na percentagem média de folhada podem dever-se ao uso excessivo de plantas, que reduziu a quantidade de materiais vegetais superficiais e raízes, resultando em menos alimento para os organismos do solo. Não há dúvida de que, à medida que a atividade biológica diminui, uma espiral descendente das funções importantes dos organismos do solo resulta num menor teor de matéria orgânica e impede o ciclo de nutrientes, a infiltração de água e o armazenamento de água. Além disso, o pastoreio intenso também pode reduzir a abundância de plantas fixadoras de azoto, provocando uma diminuição do fornecimento de azoto a toda a comunidade vegetal, avaliando o importante papel que os solos desempenham nos ecossistemas.

5.2.3. Composição das plantas e composição relativa:

O resultado na tabela (5.1) indica uma variação na percentagem média de composição de plantas de gama nos três locais. A deterioração de um ponto de água redondo foi muito elevada, 24,8% na época de 2010 e 30,6% na época de 2011, seguida da área de pastagem, que registou 41,6% na época de 2010 e 40% na época de 2011, enquanto a composição das plantas no local sem pastagem foi elevada, registando 90% na época de 2010 e 88,8% na época de 2011. A variação altamente significativa (P<0,001) na composição média das plantas pode dever-se à elevada pressão de pastoreio pelos animais. A área de pastagem é fortemente pastoreada por animais, uma vez que não há regras para reconhecer as práticas de pastoreio, o que pode causar a deterioração da composição das plantas. Além disso, o elevado número de animais à volta dos pontos de água pode limitar o potencial de crescimento das plantas ao provocar a compactação da superfície do solo.

O resultado do quadro (5.2) mostra a variação da composição relativa das plantas nos três locais, com diferenças significativas em termos de composição individual das plantas. Foram encontradas diferenças claras na composição relativa das espécies de plantas entre os três locais em duas estações. Observou-se o aumento de espécies de plantas não palatáveis em ambos os locais de pastagem e em redor dos pontos de água. Estas plantas eram: *Cassia tura, Oldenlandia herbacea, Euphorbia hirtal, Zaleya pentandra, Xanthium brosilicum, Marettia philaeana, Jasminum nitidum* e *Acanthospermum hespidum.* Estas diferenças na composição relativa das plantas podem ser devidas ao pastoreio intensivo, tanto em redor dos pontos de água como nos locais de pastoreio, o que pode refletir as alterações dinâmicas na composição das espécies em resultado do impacto dos animais nativos nos locais de pastoreio e em redor dos pontos de água, em comparação com os locais não pastoreados, que estiveram protegidos durante muito tempo e onde o gado não foi autorizado a entrar. Além disso, as plantas não palatáveis invadem frequentemente as áreas em redor dos pontos de água. Este facto é muito evidente nas zonas de pastagem da estação das chuvas na localidade de Dilling, onde muitas zonas estão desprovidas de vegetação e há uma clara mudança na vegetação rasteira. Também a redução das espécies de plantas mais palatáveis à volta dos pontos de água e das zonas de pastagem, *como Blepharis linariifolia, Asteraceae hyperhernia ofrun, Sorghum purpureosercim, buffalo grass Andropogon gayanyus, Demodium dichotomum* e *Impomea kordofana,* pode dever-se à utilização extensiva das terras de pastagem pelos animais. Assim, as plantas palatáveis, como a *Blepheris linoriifolia*, foram consideradas muito sensíveis ao pastoreio (Jaddalla, 1994), e algumas forrageiras, como a *Impomia cordofana*, (taber), *Asteraceae hyperhernia ofrun Abumorwa, Demodium ichotomum* (Abu areda), desapareceram completamente da área num raio de 500 m em redor dos pontos de água. Esta espécie sensível foi encontrada num local não pastoreado.

O resultado na tabela (5.2) dá uma imagem clara sobre o elevado número de animais à volta dos pontos de água e locais de pastagem e os impactos negativos no ambiente da pastagem em termos de composição de espécies de plantas, diversidade de plantas, aumento da percentagem de solo nu, especialmente à volta dos pontos de água. Estes resultados são corroborados pela entrevista dos pastores, segundo a qual a maioria dos inquiridos (95%) afirmou que as pastagens estão mais degradadas do que nos últimos 10 anos. Além disso, as actividades humanas na área de estudo podem necessitar de ser controladas, de modo a adotar um padrão de utilização dentro das partes interessadas neste ambiente agreste. Acreditamos que os pastores vivem em terras de pastagem da estação das chuvas (Makharf), e estruturadas em torno de grandes cidades e aldeias, o número de famílias que entram na área e o número de animais devem ser controlados. O resultado da entrevista com os pastores mostra que o desaparecimento parcial ou total de várias espécies de plantas, tais como *(Impomia cordofana, Asteraceae hyperhernia ofrun, Demodium ichotomum, Blepheris linoriifolia)*. Os mesmos resultados são encontrados (relatados) por Anon, 2006, no seu inquérito no sul do estado do Cordofão. Ambos os resultados apoiam e evidenciam claramente que o sistema de pastoreio aberto afectou as componentes ambientais das pastagens no estado do Cordofão meridional.

Tabela (5.2) a variação na composição botânica (plantas) dos parentes nos três locais quando o método de loop parker foi utilizado

Botanical lateen name	Botanical types	Relative botanical composition (%) when used loop parker method					
		R.W.P sites		Grazed sites		Un-grazed sites	
		Season 2010	Season 2011	Season 2010	Season 2011	Season 2010	Season 2011
Sesbania Arabic	Forbs	0.0	0.0	0.0	0.0	0.2	2
Corchorus ditorius	Forbs	0.0	0.0	0.0	0.0	0.05	2.5
Cassia mimosoides	Grass	0.09	0.0	0.0	0.0	0.09	0.5
Impomea kordofana	Forbs	00	0.0	0.0	0.0	3.3	2.5
Indigofra spp	Forbs	0.6	0.05	0.2	0.5	4.8	8.3
Demodium hotomum	Forbs	0.0	0.0	0.0	0.0	0.2	1
Pinnestum omosum	Grass	00	0.03	0.0	0.03	0.05	0.0
Setaria pallidea usea	Grass	0.1	1.5	0.6	1.5	5.4	4.2

Cucummie ispaceors	Forbs	0.0	0.0	0.0	0.0	0.05	1.9
Symbopogan evratus	Grass	0.0	0.0	0.0	0.6	11.8	7.1
Oldenlandia erbacea	Forbs	10.5	8.9	2.4	2.2	2.7	1.7
Rhynchosia minima	Forbs	00	0.0	0.0	0.0	0.2	0.07
Farsetia grandiflora	Forbs	00	0.0	0.0	0.0	0.08	0.0
Pennisetum icellatum	Grass	5.9	2.3	6.5	4.3	0.3	2.2
Asteraceae	Forbs	0.0	0.0	0.0	0.0	0.1	0.5
hyperhernia ofrun							
buffalo grass	Grass	0.0	0.0	0.0	0.0	0.02	3.1
Sorghum rpureosercim	Grass	0.0	0.0	0.0	0.0	6.4	5.6
Justicia kotschyi	Forbs	0.1	0.03	0.0	0.1	0.03	0.0
Aristida mutablis	Grass	14	18.1	7.4	13.8	32.2	27.1
Hyparrhenia confinis	Grass	0.0	0.0	0.0	0.0	0.7	6.9
Ipomoea coptica	forbs	0.0	0.0	0.0	0.0	0.02	0.8
Marraa oblongfalia	Forbs	0.0	0.0	0.0	0.0	0.05	0.0
Ocimum basilicum	Forbs	0.03	1	0,05	2.3	2.7	2.1
Eragrostis tremula	Grass	14.1	12.5	8	13.2	10.1	7.6
Eragrostis pilosa	Grass	00	0.09	8.8	4	4.8	3.5
Schonfeidia gracilis	Grass	34.9	30.6	60.1	40.9	9.2	5.1
Echinocola colonum	Grass	0.1	2.1	0.1	-	0.8	0.3
Dactylactinum yptioum	Grass	8.2	10	0.8	9.4	3	4.3
Polygala eriotera	Forbs	0.0	0.0	0.07	0.0	0.0	0.0
Blepharis linariifolia	Forbs	0.0	0.0	.01	0.0	0.0	0.0
Acanthospermum hespidum	Forbs	0.03	5.4	0.7	0.03	0.0	0.0
Zornia glochidiata	Forbs	3.7	3	1.5	3.1	0.0	0.0
Euphorbia hirtal	Forbs	0.09	0.0	0.4	0.1	0.0	0.0
Cassia tora	Forbs	3.2	6.3	1.2	1.4	0.0	0.0
Tribulus terrestris	Forbs	00	0.7	0.03	0.0	0.0	0.0
Cassia mimosoides	Forbs	0.0	0.0	0.03	0.0	0.0	0.0

Chloris gyana	Grass	0.03	0.2	0.3	2.9	0.0	0.0
Marettia philaeana	Forbs	0.5	1.4	0.05	0.03	0.0	0.0
Corchorus ditorius	Forbs	0.3	0.1	0.05	0.0	0.0	0.0
Jasminum nitidum	Forbs	0.3	0.03	0.03	0.0	0.0	0.0
Hygrophylla spinosa	Forbs	0.2	0.0	0.03	0.0	0.0	0.0
Portulaca oleracea	Forbs	00	0.0	0.03	0.0	0.0	0.0
Amaranthus grecans	Forbs	00	0.0	0.03	0.0	0.0	0.0
Xanthium brosilicum	Forbs	0.03	1	0.0	0.0	0.0	0.0
Zaleya pentandra	Forbs	0.03	0.0	0.0	0.0	0.0	0.0
Andropogon ayanyus	Grass	0.0	00	00	00	15.9	12
Total		**100**	**100**	**100**	**100**	**100**	**100**

RWP= um ponto de água redondo

5.2.4. Densidade das plantas e densidade relativa:

O quadro (5.3) mostra a variação da densidade das plantas, do coberto vegetal e das plantas impalatáveis (%) em redor dos pontos de água, dos locais de pastagem e dos locais sem pastagem, em duas épocas, quando se utilizou o método da quadratura

Parameter Measured	R. W.P site Season 2010	season 2011	Grazed site season 2010	season 2011	Un-grazed site Season 2010	season 2011	Sign
Plant density p/m^2	48	50	60	67	298	243	**
Ground cover (%)	20	25	30	37	85	86.7	***
Unpalatable plants (%)	18	31	11	14	5	7	**

RWP= um ponto de água redondo

**=p<0,01 - ***=p<0,001

Quadro (5.3.2) Variação da densidade média de plantas p/m^2, do coberto vegetal (%) e das plantas não palatáveis (%) nos três sítios

Parameter Measured	R. W.P site Average	Grazed site Average	Un-grazed site Average	Sign
Plant density p/m^2	49	63.5	270.5	**
Ground cover (%)	22.5	33.5	85.9	***
Unpalatable plants (%)	24.5	12.5	6	**

RWP= um ponto de água redondo

**=p<0,01 - ***=p<0,001

O resultado na tabela (5.3) indica as diferenças significativas muito elevadas (p<0,001). A variação na densidade de plantas em três locais mostrou uma deterioração em torno de pontos de água foi alta, apenas 48 plantas por/m^2 foram encontradas na temporada de 2010 e 50 plantas por/m na temporada de 2011, seguido pela área de pastagem que registou 60 plantas por/m na temporada de 2010 e 67 plantas por/m na temporada de 2011. O estado da área não pastoreada parece ser saudável em termos de densidade de plantas, tendo sido registadas 298 plantas por/m na época de 2010 e 243 plantas por/m na época de 2011, como mostra a tabela (5.4). Os registos mais baixos em torno dos pontos de água podem ser devidos ao pastoreio intenso que consome partes das plantas, e o pisar no solo com os cascos dos animais causa a compactação do solo e diminui a taxa de infiltração especialmente em torno dos pontos de água, destruindo a camada alta do solo pelos cascos dos animais que degradam o agregado do solo. Também o resultado do quadro (5.4) mostra grandes diferenças na densidade de parentes nos três sítios em termos de plantas por/m2. O resultado indica que as plantas mais palatáveis foram registadas em menor número ou desapareceram completamente em ambos os locais de pastagem e à volta dos pontos de água. Em torno dos pontos de água, o uso excessivo afectou a densidade das plantas e isto é claramente notado nas depressões naturais onde as plantas mais palatáveis como *(Impomia cordofana, Asteraceae hyperhernia ofrun, Demodium dichotomum, Blepheris linoriifolia, Sorghum purpureosercim e Andropogon gayanyus)* são de ocorrência rara. Mas a densidade de plantas relativas não palatáveis, como *Canthiums brazilicum, cassia tura, Oldenlandia herbacea, Euphorbia hirtal, Zaleya pentandra, Xanthium brosilicum, Marettia philaeana, Jasminum nitidum* e *Acanthospermum hespidum*, foi registada em número muito elevado em dois locais. Enquanto as forrageiras e gramíneas palatáveis de primeira classe, consideradas muito sensíveis ao pastoreio, foram encontradas em sítios não pastoreados. Este facto pode dever-se ao tipo de espécies de plantas, algumas das quais são mais tolerantes ao pastoreio animal e outras não. Além disso, a diminuição da densidade relativa das plantas pode ser atribuída a muitos factores, incluindo actividades induzidas pelo homem, secas graves e má gestão dos recursos das pastagens. E as actividades de utilização indevida, como o pastoreio intenso e o corte excessivo de árvores em grandes áreas, para além do excesso de população das famílias de pastores e dos seus animais, contribuíram para a redução da densidade relativa das espécies vegetais. Este resultado é corroborado pelo facto de os pastores entrevistados terem relatado que muitas espécies de plantas desapareceram das pastagens, especialmente as espécies palatáveis, tais como *(Impomia cordofana, Asteraceae hyperhernia ofrun, Demodium dichotomum, Blepheris linoriifolia Sorghum purpureosercim e Andropogon gayanyus)*, ver figura (5.1). Além disso, os pastores entrevistados classificaram as plantas não palatáveis como *Cassia tura, Oldenlandia herbacea Euphorbia hirtal, Zaleya pentandra, Xanthium brosilicum, Marettia philaeana, Jasminum nitidum* e *Acanthospermum hespidum, que* foram registadas em número muito elevado em redor dos pontos de água, ver figura (5.2). Este facto pode dever-se ao aumento do número de animais nas pastagens, uma vez que não existe qualquer regra ou mapa de utilização dos solos na localidade de Dilling. O mesmo resultado foi relatado por Abdalla (2008), que afirmou que a escassez de água em algumas áreas potenciais levou os proprietários de gado a acumularem-se nas áreas frágeis em redor dos pontos de água, causando a degradação da terra. O desaparecimento de algumas espécies de plantas desejáveis pode dever-se à pressão animal sobre as pastagens na estação húmida (estação das chuvas). Como indicado, o fenómeno de deterioração da área de pastagem surge à volta dos pontos de água, havendo sempre uma área à volta dos pontos de água que está desprovida de vegetação, mesmo que a capacidade exacta da área de pastagem (área de sacrifício). Sob pressão elevada, a deterioração da área excede o normal, o que exige um controlo periódico do estado da área para planear a sua conservação e melhoria.

Figura (5.1) espécies de plantas que desapareceram das pastagens de acordo com a entrevista dos pastores

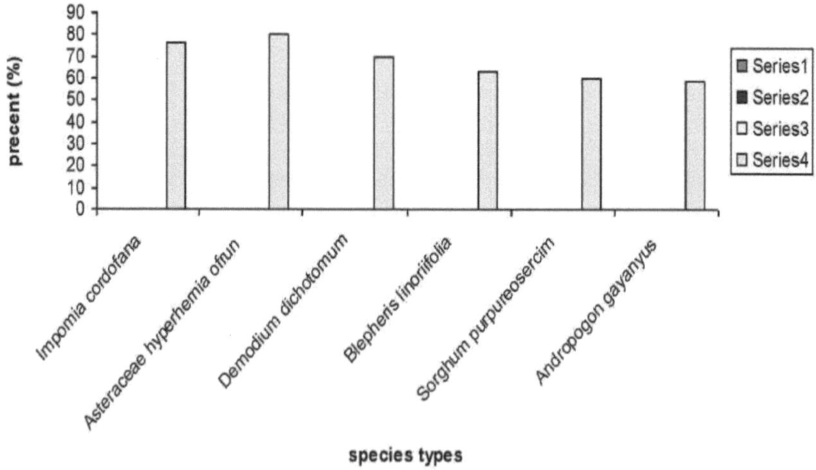

Figura (5.2) Espécies de plantas impalatáveis que invadem as pastagens de acordo com a entrevista dos pastores

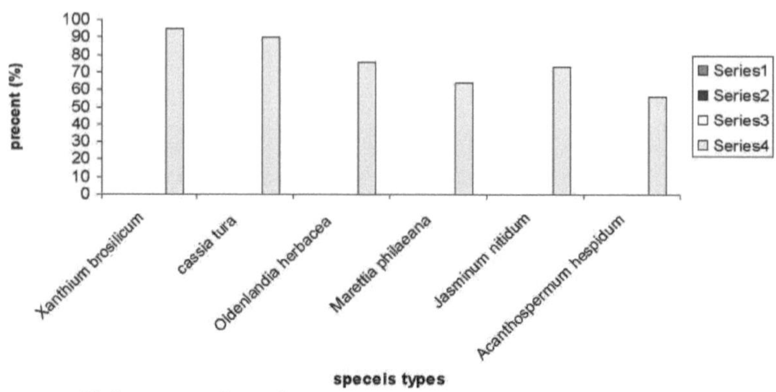

5.2.4. Cobertura do solo:

O termo cobertura do solo significa todos os componentes que cobrem o solo. Não inclui o solo nu, é a vegetação (viva e morta), as crostas biológicas e as pedras que estão em contacto com a superfície do solo (Steward *et al,* 2011). O resultado na tabela (5.3) mostra a variação da cobertura média do solo em três locais, a diminuição em torno de pontos de água foi muito alta 20% na temporada 2010 e 25 % na temporada 2011. Seguido pela área pastoreada 30% na temporada 2010 e 37% na temporada 2011, enquanto a cobertura do solo no local não pastoreado foi muito alta que 85% na temporada 2010 e 86,7% na temporada 2011, quando comparado com dois sites. De acordo com o resultado da tabela (5.3), existe uma variação significativa ($P<0.01$) entre os três locais, o resultado indica que a cobertura vegetal nos locais de pastoreio e à volta dos pontos de água sofre com o aumento do número de animais, que excede a área de pastoreio da estação das chuvas (Makharif). E o sobrepastoreio generaliza-se, o que pode levar a uma rápida descaraterização do coberto vegetal. Por outro lado, o baixo registo de cobertura do solo em torno dos pontos de água pode ser atribuído à elevada pressão dos animais em pastoreio, e a área em torno dos pontos de água estava desprovida de vegetação, mesmo que a capacidade exacta de alcance (área de sacrifício). Além disso, a elevada percentagem de cobertura média do solo no local não pastoreado pode dever-se ao facto de a maior parte das plantas serem forbes, pelo que uma única planta pode cobrir mais áreas. A redução da cobertura do solo em torno dos pontos de água e dos locais de pastoreio, quando comparada com os locais não pastoreados, indica os impactos do sistema de pastoreio aberto no ambiente das pastagens.

5.2.5. Plantas não palatáveis:

O resultado da tabela (5.3) indica uma variação nas espécies de plantas impalatáveis nos três locais. As espécies de plantas impalatáveis à volta dos pontos de água registaram a percentagem mais elevada, 18% na época de 2010 e 30% na época de 2011, seguida da área de pastagem, que registou 11% na época de 2010 e 14% na época de 2011. Enquanto as plantas não palatáveis em locais não pastoreados parecem ser muito raras, registando 5% na época de 2010 e 7% na época de 2011. Estes resultados podem ser atribuídos ao facto de os animais seleccionarem apenas espécies de plantas palatáveis quando pastam, e as plantas invadidas, como *Cassia tura* e *Canthospermum hespidum*, foram dominadas especialmente nos pontos de água, ver Figura (5.1).

Placa (5.1) as plantas invadidas à volta do ponto de água da área de estudo, todas as plantas palatáveis foram consumidas, apenas as plantas não palatáveis, como *a cassia tura e o canthospermum hespidum*, têm folhas

Tabela (5.4) a variação entre a densidade média de plantas por /m^2 em três locais em duas estações

Botanical lateen name	**Botanical types**	**R. W.P sites**		**Grazed sites**		Un-grazed sites	
		Season 2010	Season 2011	season 2010	season 2011	season 2010	season 2011
Pennisetum pedicellatum	Grass	2.9	2.3	3.9	2.6	21.3	19.8
Echinocola colonum	Grass	0.04	0.01	0.08	0.3	29.7	24
Polycarpea corymbosa	Forbs	5.1	3.9	1.5	1.2	2.9	6.3

Schonfeidia gracilis	Grass	16.9	18.1	41.1	45.5	12.1	16.1
Aristida spp	Grass	00	0.03	5.4	1.9	11.9	17.1
Setaria pallidea fusea	Grass	0.6	1.5	0.4	0.5	17.0.1	13.3
Polygala eriotera	Forbs	00	00	0.04	00	00	00
Eragrostis tremula	Grass	8.3	6.4	4.9	4.3	19.1	18.2
Blepharis linariifolia	Forbs	00	00	0.1	00	00	00
Indigofra spp	Forbs	0.3	0.5	0.1	1.4	1.9	7.6
Acanthospermumhespidum	Forbs	0.01	1.3	0.4	2.9	00	00
Zornia glochidiata	Forbs	1.8	0.06	0.9	0.1	00	1
Euphorbia hirtal	Forbs	0.04	00	0.2	0.01	00	1.9
Cassia tora	Forbs	2.6	3.7	0.7	1.8	00	00
Tribulus terrestris	Forbs	00	1.1	0.01	0.01	00	0.5
Cassia mimosoides	00	00	00	0.01	0.09	00	0.3
Chloris gyana	Grass	0.01	1	0.2	1.5	24.8	19.3
Marettia philaeana	Forbs	1.2	0.7	0.03	1.3	00	00
Corchorus ditorius	Forbs	0.2	00	0.03	00	3.1	2.9
Dactylactinum aegyptioum	Grass	3.9	2.5	0.5	0.9	16.1	11.2
Jasminum nitidum	Forbs	0.1	00	0.01	00	00	00
Ocimum basilicum	Forbs	0.01	00	0.03	0.7	6.3	4.5
Hygrophylla spinosa	Forbs	0.1	0.9	0.01	0.03	00	0.03
Portulaca oleracea	Forbs	00	00	0.01	00	00	00
Amaranthus grecans	Forbs	00	0.01	00	0.01	00	00
Sesbania arabic	Forbs	00	00	00	00	8.2	6.2
Abelmaschus esculentus	Forbs	00	00	00	00	0.06	00
Andropogon gayanyus	Grass	0.4	00	00	00	15.9	12
Impomea kordofana	Forbs	00	00	00	00	12.6	11.9

Demodium dichotomum	Forbs	00	00	00	00	10.2	9.3
Pinnestum romosum	Grass	00	00	00	00	0.06	5.5
Symbopogan nevratus	Grass	00	0.5	00	00	50.3	14.1
Clitoria ternate	Forbs	00	00	00	00	0.06	1.6
Rhynchosia minima	Forbs	00	00	00	00	6.5	9
Farsetia grandiflora	Forbs	00	0.3	00	00	0.08	00
Asteraceae hyperhernia ofrun	Forbs	00	00	00	00	3.4	0.3
Buffalo grass	Grass	00	00	00	00	1.9	0.7
Sorghum purpureosercim	Grass	00	00	00	00	12.1	10.5
Justicia kotschyi	Forbs	0.06	0.03	00	00	0.03	0.06
Aristida mutablis	Grass	4	3.9	00	00	15.2	13.2
Hyparrhenia confinis	Grass	00	0.05	00	00	10.3	00
Abutilon spp		00	00	00	00	1.9	00
Ocimum basilicum	Forbs	00	00	00	00	0.01	00
Zaleya pentandra	Forbs	00	1.2	00	00	0.5	00
Total		48 p/m	50 p/m	60 p/m	67 p/m	298 p/m	243 p/m
Mean		49		63.5		270.5	

RWP= à volta de pontos de água

A placa (5.2) mostra a fraca densidade de plantas à volta do ponto de água da área de estudo, estas áreas são pastadas vezes sem conta quando um animal vem beber.

Placa (5.3) a densidade de plantas no local de pastoreio da área de estudo, estas áreas aumentaram em solo nu, em resultado do pastoreio.

A placa (5.4) mostra a densidade de plantas não pastoreadas da área de estudo, esta área é saudável e foi encontrado um maior número de plantas por metro quadrado e uma maior diversidade de plantas.

5.2.7. Composição botânica:

O resultado da tabela (5.5) mostra a variação entre as composições botânicas (%) em três locais, em duas épocas, quando se utiliza o método da ansa de Parkar. A composição das plantas mostrou uma mudança gradual à medida que se passava dos pontos de rega para as zonas de pastagem. Registaram-se diferenças na diversidade de plantas nos três locais, tendo sido encontradas 22 espécies de plantas no local de pastagem e 18 espécies de plantas nos pontos de água redondos, ao passo que no local sem pastagem o estado da vegetação parece ser saudável, tendo sido encontradas 27 espécies de plantas diferentes durante a medição da vegetação em duas estações. A alteração das espécies de plantas pode não só ser atribuída a diferenças na intensidade do pastoreio, mas também a factores ambientais e a actividades humanas que se concentram em grande parte nas aldeias da zona de estudo. A Tabela (5.5) também mostra indicadores claros de um elevado número de animais à volta dos pontos de água e locais de pastagem, e tem impactos negativos na composição das espécies de plantas de pastagem, diversidade de plantas, aumento da percentagem de solo nu, especialmente à volta dos pontos de água.

De acordo com os pastores entrevistados, a mobilidade dos pastores no passado era a base da utilização ecológica adequada das pastagens e da estratégia de sobrevivência dos pastores em todo o estado do Cordofão do Sul. No entanto, devido à guerra civil, o número de animais aumentou drasticamente e o número de sedentários no âmbito da migração aumentou. De acordo com os resultados dos inquiridos (83%), as famílias de pastores aumentaram nas suas aldeias. Este aumento das famílias de pastores nas pastagens pode ter um impacto negativo nas componentes ambientais das pastagens .

Tabela (5.5) a variação entre as composições botânicas individuais médias (%) em três locais em duas estações

Botanical lateen name	Botanical types	R. W.P site		Grazing site		Un-grazing site	
		Year 2010	Year 2011	Year 2010	Year 2011	Year 2010	Year 2011
Oldenlandia herbacea	Forbs	7	3.3	3	1.1	1.4	1
Pennisetum pedicellatum	Grass	2.1	1.5	5	3	2.1	2.1
Eragrostis tremula	Grass	25	20.7	27.7	19.2	9	8.2
Aristida mutablis	Grass	12	8.7	8.5	5	11.3	7.3
Indigofra spp	Forbs	3	2.1	1	2.1	3.4	00
Schonfeidia gracilis	Grass	17.9	13.9	40.5	33.1	5.9	6.6
Jasminum nitidum	Forbs	0.0	00	0.4	00	00	00
Zornia glochidiata	Forbs	3	1.9	1.5	4.7	00	00
Dactylactinum aegyptioum	Grass	7	4.8	3.5	11.6	6.1	4.9
Cassia tora	Forbs	13	16.1	3.9	0.9	0.0	0.0
Acanthospermum hespidum	Forbs	1	3.3	5.9	3	0.0	0.0
Blepharis linariifolia	Forbs	0.0	00	0.3	00	0.0	0.0
Euphorbia hirtal	Forbs	00	0.6	0.1	00	0.0	0.0
Marettia philaeana	Forbs	3.2	6.3	0.3	0.1	00	0.6

Setaria pallidea fusea	Grass	1	2.1	0.9	1.6	4.2	3
Hygrophylla spinosa	Forbs	0.5	0.0	0.1	0.0	0.0	0.0
Impomea kordofana	Forbs	0.5	0.5	0.1	0.2	12.3	8
Echinocola colonum	Grass	1.1	7.5	0.3	7.4	4.1	3.5
Chloris gyana	Grass	0.0	3.9	3.9	5.3	0.0	2.5
Amaranthus grecans	Forbs	0.0	1.3	0.1	0.3	0.0	0.0
Justicia kotschyi	Forbs	0.0	0.0	0.4	1.7	0.0	0.0
Corchorus ditorius	Forbs	1	0.5	0.0	0.0	1	2.4
Xanthium brosilicum	Forbs	0.5	1.5	0.0	0.0	00	00
Ocimum basilicum	Forbs	0.5	00	0.0	0.0	4	2.4
Tribulus terrestris	Forbs	0.0	0.6	0.0	0.0	00	00
Sorghum purpureosercim	Grass	0.0	0.0	0.0	0.0	4	6
Symbopogan nevratus	Grass	0.0	0.0	0.0	0.0	11.5	14.7
Hyparrhenia confinis	Grass	0.0	0.0	0.0	0.0	1.5	4.1
Demodium dichotomum	Forbs	0.0	0.0	0.0	0.0	2.6	4
Rhynchosia minima	Forbs	0.0	0.0	0.0	0.0	3	5.9
Asteraceae hyperhernia ofrun	Forbs	0.0	0.0	0.0	0.0	0.5	0.3
Cucumia dispaceors	Forbs	0.0	0.0	0.0	0.0	0.5	1.1
Loranthus spp	Forbs	0.0	0.0	0.0	0.0	0.5	00
Sesbania arabic	Forbs	0.0	0.0	0.0	0.0	0.5	2.1
Sorghum halepense	Grass	0.0	0.0	0.0	0.0	0.5	00

Ipomoea coptica	Forbs	0.0	0.0	0.0	0.0	0.5	2.1
Farsetia grandiflora	Forbs	0.0	0.0	0.0	0.0	0.5	00
Andropogon gayanyus	Grass	0.0	0.0	0.0	0.0	5.6	4.2
buffalo grass	Grass	0.0	0.0	0.0	0.0	4.4	3.6
TOTAL		**100 %**	**100 %**	**100 %**	**100%**	**100 %**	**100 %**

RWP= um ponto de água redondo

5.2.8. Frequência:

O resultado da tabela (5.6) mostra a variação da frequência em diferentes locais de alcance ao longo de duas estações. O resultado indica que as espécies de plantas mais encontradas em redor dos pontos de água foram *Pennisetum pedicellatum, Indigofra spp, Aristida mutablis, Oldenlandia herbacea, Schonfeidia gracilis, Eragrostis tremula e Dactylactinum aegyptioum* nas duas estações. As mesmas plantas foram encontradas nos locais pastoreados, como indicado na tabela (5.6). Verificou-se uma redução na frequência das espécies de plantas tanto em redor dos pontos de água como nos locais de pastagem. Isto pode ser atribuído a uma pressão de pastoreio pesada e elevada. De facto, as espécies vegetais, especialmente as palatáveis, foram sujeitas a uma seleção intensiva por parte dos animais que pastam. A maior concentração de algumas espécies de plantas palatáveis em redor dos pontos de água e dos locais de pastoreio não significa um estado de conservação saudável, porque a maior parte destas espécies são de caule único e têm muita folhagem. Enquanto nos sítios não pastoreados se verificou muita desfoliação. Para além da elevada frequência de marcação. A variação da frequência das espécies de plantas em redor dos pontos de água e dos locais de pastoreio revela diferenças pouco significativas. As mesmas espécies de plantas foram encontradas em ambos os locais e com a mesma frequência marcada, mas nos locais não pastoreados as espécies de plantas eram bastante diferentes e com a frequência mais elevada. Além disso, muitas espécies forrageiras como *Demodium dichotomum, Asteraceae hyperhernia ofrun, Impomea kordofana, Ipomoea coptica* e *Rhynchosia minima* foram consideradas muito sensíveis ao pastoreio dos animais. Por outro lado, as espécies nativas de gramíneas altas, como *Sorghum purpureosercim, Symbopogan nevratus, Andropogon gayanyus* e *Pennisetum pedicellatum*, desapareceram e representaram uma frequência elevada no local não pastoreado. Isto pode dever-se ao facto de o pastoreio intenso influenciar a associação de espécies de plantas através da alteração das condições do habitat e pode ser atribuído a uma resposta diferente da população de espécies.

Tabela (5.6): Frequência de plantas % em diferentes locais de alcance durante duas estações

Botanical lateen name	Botanical types	Species Frequency %					
		R.W.P		Grazed sites		Un-grazed site	
		Season 2010	Season 2011	Season 2010	Season 2011	Season 2010	Season 2011
Pinnestum romosum	Grass	0.0	0.0	0.0	1.4	8.3	4.2
Ammania auriculata	Forbs	0.0	0.0	0.0	0.0	4-2	0.0
Pennisetumpedicellatum	Grass	18.1	16.7	23.6	20.8	12.5	8.3
Sesbania arabic	Forbs	0.0	0.0	0.0	0.0	8.3	4.2
Abelmaschus esculentus	Forbs	0.0	0.0	0.0	0.0	4.2	8.3
Demodium dichotomum	Forbs	0.0	0.0	0.0	0.0	20.8	16.7
Clitoria ternate	Forbs	0.0	0.0	0.0	0.0	4.2	0.0
Waltheria indica	Forbs	0.0	0.0	0.0	0.0	4.2	16.7
Rhynchosia minima	Forbs	0.0	0.0	0.0	0.0	20.8	20.8
Ocimum basilicum	Forbs	1.4	1.4	0.0	0.0	12.5	8.3
Justicia kotschyi	Forbs	2.8	1.4	0.0	1.4	4.2	0.0
Aristida mutablis	Grass	25	34.7	20.8	20.8	37.5	45.8
Indigofra spp	Forbs	8.3	0.0	5.6	4.2	33.3	41.7
Impomea kordofana	Forbs	0.0	1.4	0.0	1.4	62.5	37.5
Farsetia grandiflora	Forbs	0.0	0.0	0.0	1.4	8.3	4.2

Sorghumpurpureosercim	Grass	0.0	0.0	0.0	0.0	16.7	12.5
Polycarpea corymbosa	Forbs	36.1	24.6	23.6	18.1	45.8	41.7
Setaria pallidea fusea	Grass	5.6	0.0	9.7	8.3	41.	16.7
Hyparrhenia confinis	Grass	0.0	0.0	0.0	0.0	4.2	0.0
Symbopogan nevratus	Grass	0.0	16.7	0.0	0.0	16.7	37.5
Andropogon gayanyus	Grass	0.0	0.0	1.4	4.2	8.3	16.7
Buffalo grass	Grass	0.0	0.0	0.0	0.0	37.5	8.3
Eragrostis turgada	Grass	0.0	0.0	1.4	0.0	16.7	33.3
Asteraceae hyperhernia frun	Forbs	0.0	0.0	0.0	0.0	8.3	4.2
Schonfeidia gracilis	Grass	22.2	34.7	58.3	34.7	37.5	41.7
Dactylactinum aegyptioum	Grass	34.7	16.7	12.5	18.1	16.7	20.8
Echinocola colonum	Grass	2.8	1.4	1.4	4.2	8.3	4.2
Polygala eriotera	Forbs	0.0	0.0	4.2	0.0	0.0	0.0
Blepharis linariifolia	Forbs	0.0	0.0	2.8	0.0	0.0	0.0
Tribulus terrestris	Forbs	0.0	1.4	1.4	4.2	0.0	0.0
Acanthospermum hespidum	Forbs	1.4	8.3	6.9	5.6	0.0	0.0
Zornia glochidiata	Forbs	13.9	5.6	11.1	18.1	0.0	0.0
Euphorbia hirtal	Forbs	2.8	1.4	6.9	11.1	0.0	0.0
Cassia tora	Forbs	16.7	18.1	12.5	0.0	0.0	0.0
Cassia mimosoides	Forbs	0.0	0.0	1.4	0.0	0.0	0.0
Eragrostis tremula	Grass	51.4	34.7	29.2	18.1	16.7	34.7
Corchorus ditorius	Forbs	5.6	2.8	2.8	1.4	0.0	0.0

Marettia philaeana	Forbs	8.3	0.0	2.8	1.4	0.0	0.0
Chloris gyana	Forbs	1.4	0.0	9.7	8.3	4.2	4.2
Hygrophylla spinosa	Forbs	6.9	0.0	1.4	2.8	0.0	0.0
Portulaca oleracea	Forbs	0.0	0.0	1.4	0.0	0.0	0.0
Amaranthus grecans	Forbs	0.0	1.4	1.4	0.0	0.0	0.0
Xanthium brosilicum	Forbs	1.4	0.0	0.0	0.0	0.0	0.0
Jasminum nitidum	Forbs	2.8	1.4	2.8	1.4	0.0	0.0
Zaleya pentandra	Forbs	1.4	0.0	1.4	0.0	0.0	0.0

RWP= um ponto de água redondo

Quadro (5.7) produção de matéria seca por tonelada de hector nos três locais de estudo quando se utilizaram métodos de amostragem dupla

Study sites	**Production per ton hector**		**Average**
	Season 2010	**Season 2011**	
Un-grazed sites	2.19	2.8	2.50
Grazed sites	0.30	0.26	0.28
RWP	0.25	0.20	0.23

RWP=Pontos de água redondos **Sinal=*****

5.2.9. Biomassa:

A produção anual de biomassa é um indicador da energia captada pelas plantas, e é a disponibilidade para consumo, dadas as condições corretas das pastagens. Enquanto a camada de compactação na superfície próxima do solo é causada por impactos repetidos de animais de pasto.

Na área de estudo, a compactação torna-se um problema grave, como mostra a tabela (5.7). A produção de biomassa foi baixa em torno dos pontos de água em termos de matéria seca e foi de apenas 0,25 ton/ha na época de 2010 e 0,20 ton/ha na época de 2011. A produção de biomassa foi muito elevada no local de pastoreio, que registou 0,30 ton/ha na época de 2010 e 0,26 ton/ha na época de 2011, enquanto que no local não pastoreado, a produção de biomassa foi muito elevada, 2,19 ton/ha na época de 2010 e 2,8 ton/ha na época de 2011. Isto pode dever-se à elevada pressão exercida pelos animais de pastoreio, especialmente em torno dos pontos de água, que começam a limitar o crescimento das plantas, a infiltração de água e o processo de ciclagem de nutrientes. Estes factores reduzem a produção de biomassa, como se pode ver na tabela (5.7). Verificou-se uma diferença muito significativa ($P<0,001$) na produção de biomassa em termos de produção de matéria seca, especialmente em torno dos pontos de água e dos locais de pastagem. A produção de biomassa foi baixa tanto em torno dos pontos de água como nos locais de pastagem. Isto pode ser atribuído à área totalmente utilizada pelos animais que pastam, quando comparados com o local não pastado. Além disso, a redução da produtividade da biomassa nos pontos de água circundantes e nos locais de pastagem pode dever-se ao aumento do número de animais acima da capacidade de carga, em resultado da situação de segurança no Cordofão do Sul.

5.3. Avaliação do impacto da pastagem aberta no banco de sementes do solo

O banco de sementes do solo desempenha um papel importante na restauração e no início da regeneração natural e na persistência do crescimento da vegetação. O estudo mostrou uma grande variação na densidade de sementes e na diversidade de plantas nos três sítios. O número de espécies encontradas no local com pastagem foi de 27 espécies e 18 espécies no ponto de água redondo, enquanto no local sem pastagem foram encontradas 24 espécies. Além disso, as espécies de gramíneas dominaram o local pastoreado, ao passo que no local não pastoreado predominaram as gramíneas altas com forbes anuais como *Impomia cordofana, Asteraceae hyperhernia ofrun, Demodium dichotomum,* o que pode ser atribuído à sensibilidade dessas forbes ao processo de pastoreio. Mas nos pontos de água redondos, as espécies não palatáveis, como *Cassia tora e Acanthospermum hespidum*, estavam representadas em grande densidade, ver quadro (5.8). Além disso, o estudo mostrou uma grande variação nas sementes entre duas profundidades diferentes nos três locais. O resultado também indicou grandes diferenças em sementes vivas e mortas entre os três sítios. Nos pontos de água redonda, foram encontradas 126 000 sementes vivas por/m^2 e 85 200 sementes mortas por/m^2; nos locais de pastagem, foram encontradas 343 200 sementes vivas por/m2 e 61 200 sementes mortas por/m2. Enquanto nos locais não pastoreados as sementes vivas registaram 412 400 sementes por/m2 e as sementes mortas registaram 23 160 sementes por/m^2. O resultado também mostra a variação na densidade de sementes com o aumento da profundidade do solo, tanto a densidade de sementes como a diversidade de plantas diminuíram. Por outro lado, verificou-se uma semelhança na composição de espécies entre o banco de sementes do solo e as espécies de plantas do povoamento no local não pastoreado, quando comparado com os pontos de água e o local de pastoreio. Isto pode ser devido à forte pressão de pastoreio que pode reduzir as densidades do banco de sementes de gramíneas como resultado do pastoreio precoce ou da concentração de pastoreio durante a fase de fixação das sementes. Os mesmos resultados foram relatados por Sternberg (2009), que a maior redução das densidades do banco de sementes resultou do pastoreio intenso. Além disso, o pastoreio por animais domésticos pode alterar o banco de sementes e, por sua vez, a capacidade do sistema para recuperar de perturbações. Em 2005, Solomon e Snymal referiram que as diferenças na pressão de pastoreio constituíam uma das causas mais prováveis da variação das densidades do banco de sementes do solo e da composição botânica em terrenos de pastagem. Além disso, a grande diversidade do banco de sementes pode ser atribuída aos animais de pastoreio, que podem diminuir a produção de flores e sementes diretamente através do consumo de estruturas reprodutivas. Ou indiretamente, ao stressar a planta e reduzir a energia disponível para desenvolver as sementes. O estudo mostrou uma grande variação na densidade de sementes entre diferentes profundidades em três locais. O resultado na tabela (5.9) indica grandes diferenças em sementes vivas e mortas na profundidade (10 - 20) entre os três locais. Em torno dos pontos de água foram encontradas 43.200 sementes vivas por/m2 e 63.600 sementes mortas por/m2, em locais de pastagem foram encontradas 164.400 sementes vivas por/m2 e 135.600 sementes mortas por/m2. Enquanto nos locais não pastoreados as sementes vivas registaram 266 400 sementes por/m2 e as sementes mortas registaram 146 400 sementes por/m2. Isto pode ser atribuído ao facto de as sementes de gramíneas poderem ficar a 10 cm de profundidade no solo, ou pode ser devido à sensibilidade das sementes de plantas de gama para o tempo de vida do solo para se aprofundarem. Também o resultado mostra um elevado número de sementes mortas na profundidade (10 - 20) quando comparado com a profundidade (0-10), o que pode dever-se ao facto de a viabilidade das sementes de erva ser afetada pela longevidade no solo. Esses resultados também mostraram que o pastoreio reduz a densidade e a riqueza de espécies do banco de sementes e, por sua vez, altera as comunidades de plantas derivadas do banco de sementes, os mesmos resultados relatados por Janson (2007). No entanto, se o pastoreio for removido, as plantas pragas *como Blepharis linariifolia, Asteraceae hyperhernia ofrun, Sorghum purpureosercim, capim-búfalo Andropogon gayanyus Demodium dichotomum* e *Impomea kordofana* podem necessitar de controlo.

Tabela (5.8) variação das densidades do banco de sementes vivas e mortas em profundidade (0 -10) nos três locais

Botanical name	R.W.P life seeds	R.W.P dead seeds	Grazed sites life seeds	Grazed sites dead seeds	Un-grazed site life seeds	Un-grazed site dead seeds
Pinnestum romosum	-	-	5	3	8	2
Pennisetumpedicellatum	18	16	23	4	1	3
Sesbania Arabic	-	-	1	-	2	6
Abelmaschus esculentus	-	-	-	-	3	1
Demodium dichotomum	-	-	-	-	13	1
Waltheria indica	-	-	-	-	32	3
Rhynchosia minima	-	-	-	-	34	4
Justicia kotschyi	8	4	3	14	65	-
Aristida mutablis	2	-	20	8	12	6
Indigofra spp	3	-	4	2	2	6
Impomea kordofana	-	-	-	4	7	1
Farsetia grandiflora	-	-	2	6	9	9
Sorghumpurpureosercim	-	-	-	-	10	12
Polycarpea corymbosa	3	2	26	15	31	5
Setaria pallidea fusea	5	-	7	3	43	5
Symbopogan nevratus	-	1	7	-	23	8
Andropogon gayanyus	-	-	5	6	6	12
buffalo grass	-	-	-	-	7	6
Eragrostis turgada	-	-	4	-	17	13

Asteraceae hyperhernia frun	-	-	-	-	3	4
Schonfeidia gracilis	22	5	58	21	35	23
Dactylactinum aegyptioum	3	7	15	2	16	8
Echinocola colonum	2	1	14	3	8	2
Polygala eriotera	-	-	2	-	-	-
Tribulus terrestris	-	1	4	7	-	-
Acanthospermum hespidum	1	8	6	12	-	-
Zornia glochidiata	1	5	13	8	-	-
Euphorbia hirtal	2	1	9	1	-	-
Cassia tora	16	18	12	-	-	-
Cassia mimosoides	-	-	4	-	-	-
Eragrostis tremula	5	-	29	10	17	7
Corchorus ditorius	5	2	6	2	-	-
Marettia philaeana	8	-	4	12	-	-
Chloris gyana	1	-	8	7	3	6
TOTAL	105	71	286	153	427	193
Total seeds per/m²	**126,000**	**85,200**	**343,200**	**183,600**	**412,400**	**231,600**

Tabela (5.9) variação das densidades do banco de sementes vivas e mortas em profundidade (10 -20) nos três locais

Botanical name	R.W.P		Grazed sites		Un-grazed site	
	life seeds	dead seeds	life seeds	dead seeds	life seeds	dead seeds
Pinnestum romosum	-	-	5	3	4	1

Pennisetumpedicellatum	7	9	12	4	1	3
Sesbania Arabic	-	-	1	-	2	4
Abelmaschus esculentus	-	-	-	-	2	-
Demodium dichotomum	-	-	-	-	4	1
Waltheria indica	-	-	-	-	21	3
Rhynchosia minima	-	-	-	-	13	3
Justicia kotschyi	7	4	2	7	22	-
Aristida mutablis	-	-	10	8	12	6
Indigofra spp	1	-	2	4	2	5
Impomea kordofana	-	-	-	4	7	1
Farsetia grandiflora	-	-	2	6	9	9
Sorghumpurpureosercim	-	-	-	-	10	12
Polycarpea corymbosa	2	2	26	15	3	5
Setaria pallidea fusea	-	-	8	9	14	18
Symbopogan nevratus	-	1	7	-	13	12
Andropogon gayanyus	-	-	3	6	15	8
buffalo grass	-	-	-	-	5	11
Eragrostis turgada	-	-	4	-	13	4
Asteraceae hyperhernia frun	-	-	-	-	2	-
Schonfeidia gracilis	10	6	9	11	17	7
Dactylactinum aegyptioum	1	3	9	2	8	3
Echinocola colonum	-	1	6	3	3	1
Tribulus terrestris	-	1	4	7	-	-
Acanthospermum hespidum	1	5	2	-	-	-
Zornia glochidiata	1	5	10	7	-	-

Euphorbia hirtal	-	1	4	-	-	-
Cassia tora	1	13	-	2	-	-
Eragrostis tremula	5	-	4	8	12	1
Corchorus ditorius	1	2	4	2	-	-
Marettia philaeana	-	-	3	1	-	-
Chloris gyana	1	-	4	5	1	4
TOTAL	39	53	137	113	222	122
Total seeds per/m²	**43,20**	**63,60**	**164,40**	**135,60**	**266,40**	**146,40**
	0	**0**	**0**	**0**	**0**	**0**

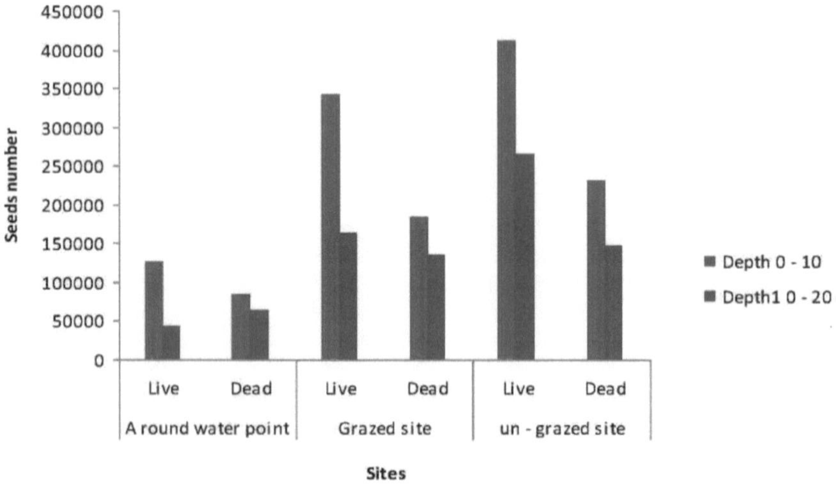

Figura (5.3) Variação da densidade de sementes vivas e mortas em diferentes profundidades nos três locais

5.4. Densidade das árvores e dos arbustos

Tabela (5.10) o número total de árvores e arbustos /hector nos três locais de estudo

Botanical name	**RWP- p/he**	**Grazed site - p/he**	**Un-grazed site – p/he**
Acacia mellifera	14.3	64.1	2.7
Acacia nubica	75	26	1.2
Acacia seyal	8.5	15.3	9
Acacia senegal	2	6.4	4.9
Albizzia amara	5	21.1	1.6
Ziziphusspina christi	4.4	2.8	0.9
Balanittes aegytica	1	23.	1.5
Anogesisssus leocorpus	0.3	5	0.0
Guiera senegalensis	0.6	4.9	0.0
Dicharosstachys glomerata	0.9	45.7	7.2
Capparis decidua	1.9	3.5	0.0
Tamarindus indica	0.0	0.5	0.0
Acacia polycantha subsp	0.0	1	3
Bauhinia reticulata	1	0.0	0.0
Bauhinia rufescens	1	1.5	0.0

RWP=A pontos de água redondos P/he = plantas por hectare

O resultado da tabela (5.10) mostra o número de árvores e arbustos por hector nos três locais de estudo. O resultado indica que o número de árvores variou consoante os locais de estudo, tendo *a Acacia nubica* registado o número mais elevado nos pontos de água redondos. Isto pode ser atribuído ao facto de *a Acacia nobica* ser um arbusto não palatável, enquanto outros arbustos palatáveis como *a Acacia Senegal, Dicharosstachys glomerata e Capparis deciduas* registaram o número mais baixo por hectare. Isto pode dever-se à sua palatabilidade e às actividades humanas. Além disso, o pastoreio intenso pode afetar o número de árvores e arbustos devido à diminuição da capacidade de crescimento. Na área de pastagem, o maior número registado foi de *Acacia mellifera, Balanittes aegytica* e *Dicharosstachys glomerata.* Devido ao facto de as actividades humanas serem bastante reduzidas, o que pode ser atribuído à distribuição natural das espécies, as árvores e os arbustos registados nas zonas não pastoreadas são em menor número e estas zonas são dominadas por gramíneas autóctones, tais como *Sorghum purpureosercim, Andropogon gayanyus e Hyparrhenia confinis.* Isto pode ser atribuído ao facto de estas áreas não serem utilizadas para quaisquer actividades humanas e estarem completamente fechadas, pelo que as plantas são encorajadas a dominar, como mostra a figura (5.5).

A placa (5.5) mostra o predomínio de gramíneas altas no local não pastoreado e apenas um pequeno número de plantas foi encontrado

5.4. As dimensões sociais do sistema de pastoreio aberto:

A região do Cordofão do Sul é um exemplo do aumento da concorrência pelos recursos naturais e dos conflitos locais que resultam da combinação da degradação das pastagens e da expansão agrícola nas zonas de pastagem sazonais húmidas (localidade de Dilling). Quando a guerra civil começou, em 1980, os pastores que se dedicavam à criação de gado penetrando mais profundamente na parte norte do Cordofão do Sul em busca de água e de pastagens para o seu gado, devido à perda das suas áreas na parte sul em consequência da guerra civil.

Por outro lado, os pastores do Cordofão do Norte perderam as suas terras de pastagem devido à seca frequente e à expansão da agricultura de sequeiro. Os dois grupos migraram para o norte do Cordofão meridional. Na localidade de Dilling, a degradação das pastagens deveu-se à utilização excessiva pelos dois grupos que utilizam o sistema de pastagem aberta numa grande área. Além disso, a procura de recursos naturais aumentou em consequência do crescimento demográfico. Estas taxas de crescimento eram indicativas de uma imigração em grande escala devido a factores ambientais no Norte do Cordofão e à situação de segurança nas regiões do Sul. Para além da expansão das práticas agrícolas para zonas anteriormente utilizadas como pastagens, a expansão da agricultura de sequeiro para zonas marginais historicamente utilizadas como pastagens tem sido a causa da degradação das componentes ambientais das pastagens. O estudo teve como objetivo descobrir os impactos do sistema de pastoreio aberto na dimensão social, utilizando um questionário para calcular os dados sobre os problemas socioeconómicos após a deterioração das pastagens na localidade de Dilling.

5.5.1. Conflitos pelos recursos das pastagens

Tabela (5.11) os inquiridos investigam de acordo com os conflitos para obter água:

Answer	Frequency	%
Yes	80	66.7
No	40	33.3
Total	120	100

Sinal = ***

Tabela (5.12) os inquiridos investigam de acordo com os conflitos pelos recursos das pastagens

resources	Water resources		Rangeland resources		Between farmer and herders		For animal routs	
	frequency	%	frequency	%	frequency	%	frequency	%
Yes	29	24.2	99	82.5	68	56.7	103	85.8
No	91	75.8	21	17.5	52	43.3	17	14.8
Total	120	100	120	100	120	100	120	100
	Sign = ***		Sign = ***		Sign =144		Sign = ***	

Tabela (5.13) Os pastores investigam de acordo com a forma como resolveram os seus conflitos

Methods of solving Conflicts	Governments		Local administration		Village leaders		Goudiya	
	frequency	%	frequency	%	frequency	%	Frequency	%
Yes	99	82.5	71	59.2	84	70	81	67.5
No	21	17.5	49	40.8	36	30	30	33.5
Total	120	100	120	100	120	100	120	100

Sign = *** Sign = *** Sign = ***

Como indicado na tabela (5.11), a maioria dos inquiridos (66,7%) mencionou que havia conflitos pelos recursos hídricos, especialmente na estação seca, enquanto (33,3%) disseram o contrário. Isto pode dever-se à escassez de água, especialmente na estação seca. Além disso, a maioria dos inquiridos (82,5%) referiu que existem conflitos em relação aos recursos de pastagem. Enquanto 56,7% dos inquiridos disseram que havia conflitos entre agricultores e pastores. A razão da disseminação de conflitos por recursos de pastagem pode ser atribuída à deterioração da pastagem em makharif (áreas de pastagem da estação das chuvas), para além do padrão de utilização da terra e da deficiência no abastecimento de água na estação seca. De acordo com a tabela (5.12), a maioria dos inquiridos (85,8%) afirmou ter conflitos nas rotas dos animais. Isto pode dever-se à aglomeração ou ao aumento do número de animais que migraram para as terras sazonais. Na localidade de Dilling, os pastores têm um modo tradicional de utilização dos recursos, mas a sociedade está a sofrer mudanças profundas nos últimos 10 anos. As mudanças foram visíveis através da regressão da mobilidade dos animais e da sedentarização da população. Assim, as pastagens foram sujeitas a uma pressão crescente que levou à sua degradação. Além disso, os agricultores sedentários têm cada vez mais dificuldade em criar o seu gado e, por conseguinte, estão menos dispostos a conceder direitos de pastagem aos nómadas. Isto levou a conflitos frequentes entre agricultores e nómadas pelos recursos das pastagens. Por vezes, os conflitos podem ocorrer dentro dos mesmos grupos. Na situação atual, parece ser difícil evitar um conflito entre pastores e agricultores, mas alguns pontos devem ser tidos em conta, tais como (1) deve haver um mapa das rotas dos animais e das terras de pastagem. (80,8%) dos inquiridos classificaram que não existe um mapa de uso do solo em Dilling. (2) Promover um programa de extensão junto da população local para aumentar a vigilância e (3) promover o papel da administração civil.

Os resultados na tabela (5.13) assinalaram algumas formas de resolver conflitos nas comunidades locais, a maioria dos inquiridos (82,5%) disse que recorria aos governos para resolver conflitos em muitos casos e (67,5%) disse que recorria a Joediya, enquanto (70%) disse que recorria aos líderes das aldeias (omads e sheakhs)

5.5.2. Recursos hídricos na zona de estudo:

Tabela (5.14) Os inquiridos investigam de acordo com a fonte de água na localidade de Dilling

resources	Hafir		Wells		Surface water		Spring	
	Frequency	%	frequency	%	Frequency	%	frequency	%
Yes	93	77.5	16	13.3	110	91.7	21	17.5
No	27	22.5	104	86.7	10	8.3	99	82.5
Total	120	100	120	100	120	100	120	100

Sign = ***　　Sign = ***　　Sign = ***

Tabela (5.15) Os inquiridos investigam de acordo com as distâncias dos pontos de água

Answer	Frequency	%
Yes	33	27.5
No	87	72.5
Total	120	100

Sign = ***

O resultado na tabela (5.14) mostra uma flutuação significativa entre os pastores inquiridos de acordo com as fontes de água utilizadas (77,5%) disseram que utilizavam mais os Hafirs do que outras fontes de água. Isto pode ser atribuído ao facto de os hafirs poderem manter a água durante muito tempo durante todos os períodos de chuva (6 meses). (13,3%) mencionaram que usavam salgueiros, que podem ser usados durante a escassez da estação das chuvas ou em áreas de pastagem da estação seca, enquanto (91,7%) disseram que usavam fontes de superfície. Podem utilizar em períodos de chuva de alguns dias.

De acordo com Anon (2006), os pontos de água devem ser localizados de forma a garantir a distribuição uniforme do gado nas áreas de pastagem da estação das chuvas, para evitar o pastoreio destas áreas duas vezes por ano. Nas zonas de pastagem da estação seca, recomendam-se pontos de água permanentes, que devem ser distribuídos de acordo com a capacidade da área de pastagem. O resultado da tabela (5.15) mostra que a maioria dos inquiridos (72,5%) considerou que a distância dos pontos de água entre si é bastante curta. Estes resultados apoiam o resultado da medição da vegetação, que mostra que a degradação é maior à volta dos pontos de água, porque estas áreas são frequentemente sujeitas a pastoreio.

5.5.3. Os impactos do sistema de pastoreio aberto na população local:

Tabela (5.16) Os inquiridos investigam de acordo com os impactos do sistema de pastagem aberta na população local

Answer	Frequency	%
Yes	82	68.3
No	38	31.7
Total	120	100

Sinal = ***

Tabela (5.17) Os inquiridos investigam de acordo com os impactos do sistema de pastoreio aberto nas famílias

Answer	Frequency	%
Yes	82	68.3
No	38	31.7
Total	120	100

Sinal = ***

Tabela (5.18) Os inquiridos investigam de acordo com a flutuação da produção animal

Answer	Frequency	%
Yes	94	78.3
No	26	21.7
Total	120	100

Sinal = ***

Tabela (5.19) Inquiridos investigam de acordo com a razão da flutuação da produção na localidade de Dilling

Answer	Reduction of forage land		Degreases of forage quality	
	Frequency	%	Frequency	%
Yes	82	68.3	59	49.2
No	38	31.7	61	50.8
Total	120	100	120	100

Sinal = *** Sinal = 0,855

Tal como indicado na tabela (5.16), existem grandes diferenças significativas entre os pastores inquiridos. (68,3%) mencionaram que muitas populações foram afectadas pelo sistema de pastoreio aberto. Isto pode dever-se à degradação das pastagens e à elevada procura de recursos das pastagens, o que levou a conflitos entre as partes interessadas. Além disso, o resultado da tabela (5.17) mostra que mesmo uma única família foi afetada pela degradação das pastagens. Além disso, a maioria dos pastores inquiridos (78,3%) disse que houve uma flutuação e redução na produção animal. Classificaram a razão como sendo a deterioração das pastagens (68,3%) e a diminuição da qualidade da forragem (49,2%). Como indicado na tabela (5.18) e na tabela (5.19), os mesmos resultados foram encontrados durante o inquérito à área de estudo. Isto significa que os pastores estão conscientes dos impactos do pastoreio nas componentes ambientais

5.5.4. A degradação das pastagens:

Tabela (5.20) Os inquiridos investigam de acordo com a deterioração das terras de cultivo

Answer	Frequency	%
Yes	114	95
No	6	5
Total	120	100

Sinal = ***

Tabela (5.21) os inquiridos investigam de acordo com os tipos de deterioração das pastagens

Types	Soil erosion		Overgrazing	
	Frequency	%	Frequency	%
Yes	77	64.2	93	77.5
No	43	35.8	27	22.5
Total	120	100	120	100

Sinal = *** Sinal = **

De acordo com a tabela (5.20), a maioria dos inquiridos (95%) mencionou que existe degradação dos recursos de pastagem, em particular na produção de forragem. Os mesmos resultados foram encontrados para as medições da vegetação. Esta degradação pode dever-se à elevada pressão exercida pelos animais de pasto, à expansão da agricultura de sequeiro e à elevada competição entre os proprietários. Relativamente aos tipos de degradação, a maioria dos inquiridos (64,2%) afirmou que a degradação se deve à erosão do solo e (77,5%) disse que o sinal de sobrepastoreio é muito claro, como indicado na tabela (5.21).

A degradação das pastagens na localidade de Dilling é o problema mais grave que afecta a produtividade das pastagens . O rendimento da população local depende principalmente da quantidade e da qualidade das pastagens. Em situação normal, os animais são mantidos em pastagens durante oito meses e depois pastam em resíduos de culturas após a colheita.

Com a degradação das pastagens devido ao sistema de pastoreio aberto, um grande número de pastores migrou das suas aldeias em busca de água e forragem; para além disso, muitas pessoas locais abandonaram a criação de animais devido ao baixo rendimento, à ineficiência da produção, ao mau sistema de produção e à degradação das pastagens. Em consequência, os pastores enfrentam uma pobreza crescente, uma diminuição da energia alimentar e conflitos entre os utilizadores da terra. Por outro lado, o aumento da população no sul do Cordofão está associado ao aumento da procura de produção alimentar nas pastagens, o que resulta numa maior pressão sobre os recursos das pastagens (IFAD, 2006).

Nos sistemas agrícolas tradicionais, estão envolvidas várias componentes com diferentes níveis de importância. A pressão humana sobre as pastagens manifesta-se na procura de terras de cultivo, pastagens e produtos florestais. É imperativo que esta procura seja satisfeita na medida do possível, a fim de obter a cooperação da população rural sedentária e nómada na proteção e gestão das pastagens. A gestão integrada das pastagens implica adequar a utilização de cada pedaço de terra às suas capacidades inerentes para otimizar a produção, salvaguardando ou melhorando a sua capacidade de proteção. O resultado é uma combinação equilibrada de sistemas de criação de gado e de agricultura que mantém e melhora a estabilidade do ambiente (FAO 1989).

CAPÍTULO SEIS

CONCLUSÃO E RECOMENDAÇÃO

6.1. Conclusão

O estudo concluiu que a deterioração em torno dos pontos de água era muito elevada em termos de solo nu, folhada e cobertura do solo, seguida da área de pastagem. Registou-se uma variação significativa na composição relativa das plantas nos três locais. Além disso, o estudo mostrou que a densidade e a frequência das plantas variam muito entre os três locais, para além de diferenças significativas muito elevadas na produtividade da biomassa entre os três locais. O estudo conclui que o sistema de pastoreio aberto afectou o crescimento das plantas, degradou a estabilidade do solo, alterou o tipo de plantas e diminuiu a produtividade das pastagens.

O estudo constatou que as forbes muito sensíveis, como *Blepharis linariifolia, Asteraceae hyperhernia ofrun, Chloris gyana, Sorghum rpureosercim, Demodium dichotomum, Asteraceae hyperhernia ofrun* e *Impomea kordofana,* consideradas sensíveis ao processo de pastoreio, foram encontradas em locais não pastoreados. Estas espécies de plantas desapareceram completamente da área num raio de 500 m em redor dos pontos de água. Enquanto as espécies de plantas não palatáveis, como *Canthiums brazilicum, Cassia tura, Oldenlandia herbacea, Euphorbia hirtal, Zaleya pentandra, Xanthium brosilicum, Marettia philaeana, Jasminum nitidum* e *Acanthospermum hespidum,* foram encontradas em ambos os locais de pastagem e em torno de pontos de água. Além disso, o estudo concluiu que um elevado número de animais em redor dos pontos de água e dos locais de pastagem tem impactos negativos no ambiente das pastagens em termos de composição das espécies vegetais, diversidade de plantas, aumento da percentagem de solo nu e produtividade da biomassa. Além disso, o estudo encontrou uma variação gradual na diversidade vegetal, tendo sido encontradas 22 espécies de plantas no local de pastoreio, ao passo que no local não pastoreado, o estado da vegetação é saudável, tendo sido encontradas 27 espécies de plantas diferentes durante a medição da vegetação em duas estações. Por outro lado, as espécies de gramíneas altas nativas, como *Sorghum purpureosercim, Symbopogan nevratus, Andropogon gayanyus* e *Pennisetum pedicellatum*, desapareceram em redor do ponto de água e nos locais de pastagem, enquanto essas plantas representaram uma frequência elevada no local sem pastagem.

O estudo constatou que, sob pastoreio contínuo, a pressão de pastoreio pesado reduziu as densidades do banco de sementes de forbes e quando comparado com o local não pastoreado. A maior redução nas densidades do banco de sementes resultou do pastoreio pesado concentrado durante os sítios de sementes. Além disso, o estudo encontrou grandes diferenças no número de sementes vivas e mortas e na diversidade na profundidade (10 - 20) quando comparada com a profundidade (0-10) dentro de três

O aumento da concorrência pelos recursos naturais e dos conflitos locais resulta da combinação da degradação das pastagens e da expansão agrícola nas zonas de pastagem sazonais húmidas. Além disso, a razão da propagação dos conflitos em torno dos recursos das pastagens é atribuída à deterioração das pastagens em makharif (zonas de pastagem da estação das chuvas) devido ao sistema de pastagem aberta, bem como ao padrão de utilização das terras e à falta de abastecimento de água na estação seca. Assim, a degradação das pastagens na localidade de Dilling é o problema mais grave que a produtividade das pastagens enfrenta.

Além disso, o estudo constatou que muitas populações foram afectadas pelo sistema de pastoreio aberto, como resultado da degradação das pastagens e da elevada procura de recursos das pastagens. Além disso, isto levou a conflitos entre as partes interessadas. Além disso, com a degradação das pastagens devido ao sistema de pastoreio aberto, um grande número de pastores migrou das suas aldeias à procura de água e forragem; para além disso, muitas pessoas locais abandonaram a criação de animais devido ao baixo rendimento, à ineficiência da produção, ao mau sistema de produção e à degradação das pastagens. Em consequência, os pastores enfrentam uma pobreza crescente, uma diminuição da energia alimentar e conflitos entre os utilizadores da terra.

6.2. Recomendações

Devem ser experimentados novos métodos de produção animal, de modo a proteger a deterioração das componentes ambientais das pastagens, tais como explorações de produção de carne de bovino (bovinos e ovinos) em grandes áreas na localidade de Dilling.

A conservação das pastagens através da introdução de forragens autóctones *como Blepharis linariifolia, Asteraceae hyperhernia ofrun, Demodium dichotomum* e *Impomea kordofana* e de gramíneas autóctones como *Chloris gyana, Sorghum rpureosercim e Andropogon gayanyus* deve ser introduzida nas pastagens.

A consulta com as agências governamentais e outros organismos relacionados deve ser desenvolvida, para replantar as áreas de pastagem da estação das chuvas em deterioração, especialmente em torno dos pontos de água, de forma rotativa. É necessária uma boa distribuição dos pontos de água para evitar a sua sobreutilização, especialmente em torno dos pontos de água. São necessários programas de extensão no terreno, no seio dos grupos de aldeões e nómadas, este programa deve incluir o problema da deterioração das pastagens, a má utilização dos recursos naturais e o risco de conflitos entre os utilizadores da terra.

Referências:

Abdalla,E.A., (2008) competition on range Resources and it is Role on the conflict in Dar fur. Um estudo de caso da localidade de El daein. Tese de doutoramento. Tese de doutoramento em ciências da vida selvagem

Abdalla,E.A., (2008) competition on range resources and its role on the conflict in Dar fur. Um estudo de caso da localidade de El daein. Tese de doutoramento. Tese de doutoramento em ciências da caça - Universidade de Ciência e Tecnologia do Sudão - Cartum - Sudão

Abdalla,S.H., (1982) Problem of Numads in Nuba Mountains. Ministério da Agricultura e dos Recursos Naturais, Região do Cordofão - Sudão

Ahmed, W. e Abu Sabah, M. (1993) Comissão dos Povos Nómadas: Relevance of mobility to rangeland utilization: the baggara transhumant of Southern Kordofan, Nomadic peoples number 32,1993, Khartoum, Sudan

Annon, (2007), Great Kordofan Diagnostic Survey Report (2007), Unidades de Coordenação do Cordofão Norte e Sul e Agricultural Research Corporation, estação de investigação de ElObied e Kadugli.

Ayoub.A.T., (1998) Exten Severity and causative factors of land degradation in Sudan. Journal of arid environment. 38:397-409.

Babeker, S.A, (2012). Impactos das práticas de melhoramento na gestão sustentável das pastagens em áreas semi-áridas, área de wad Omer - Omdurman do Norte, tese de mestrado apresentada pela Universidade de Ciências e Tecnologia do Sudão em ciências da agricultura

FIDA, (2006), Relatório técnico sobre a situação meteorológica no estado do Cordofão do Sul, gabinete do Cordofão do Sul.

Bergmeier, E. (1998) Are Cretan endemics threatened by grazing, In: Papanastasis, V.P e D. Peter (eds), Ecological Basis for Livestock Grazing in Mediterranean Ecosystems. Comissão Europeia, EUR 18308 N, Luxemburgo, pp. 90-93.

Brits, J, M e. Rooyen, N, V. (2002) Impacto ecológico de grandes herbívoros na vegetação lenhosa em pontos de rega selecionados nos solos basálticos orientais do Parque Nacional Kruger. Jornal Africano de Ecologia 40(1): 53- 60.

Cann, M.A., Dumanski, J. e Brklacich, M. (1992) The impacts of soil degradation on crop yields in the Canadian prairies: An annotated bibliography. Secção de Investigação, Agriculture Canada, Ottawa. 185 p.
Estudo de caso Localidade de Kadugli, MSc

Chewings, V.H., Bastin, G.N. & Pickup, G. (1992) Remote Sensing Models for Determining Grazing Impact in Arid Rangelands, Proc. 6th Australasian Remote Sensing Conference, Wellington NZ 1992, *Vol 1:* 169-178.

Cordon,J. I, (2000) plant-animal interactions in complex communities: from Mechanism to modeling, macauly land use research institute, craingiebuckler, aberdean. Ab15 8QH.UK: inlemaire,G, Nabinger, C, Hoddgson,J e Carvalho, F. C,(2007) Grassland Ecophysiology and Grazing Ecology, CABI Head office, Nosworthy way, wallingford, Oxfordshire OX108E, UK

Cordon,J. I, (2007) plant-animal interactions in complex communities: from Mechanism to modeling, macauly land use research institute, craingiebuckler, aberdean. Ab15 8QH.UK:

inlemaire,G, Nabinger, C, Hoddgson,J and Carvalho, F.C,(2007) Grassland Ecophysiology and Grazing Ecology, CABI Head office, Nosworthy way, wallingford, Oxfordshire OX108E, UK

Dean, W.RJ, Macdonald IAW (1994) Historical changes in stocking rates of domestic livestock as a measure of semiarid and arid rangeland degradation in the Cape-Province, South-Africa, Journal of Arid Environments 26: 281- 98.

Donkor,T.N, Gedir.V.J, Hudson.R.J, Bork.E.W Chanasyk S.D, and Naeth.M.A(2001) Impacts of grazing systems on soil compaction and pasture production in Alberta,1Department of Renewable Resources, University of Alberta, Edmonton, Alberta, Canada T6G 2H1 ;2Department of Agricultural, Food and Nutritional Science, University of Alberta, Edmonton, Alberta, CanadaT6G 2P5. Recebido em 9 de março de 2001, aceite em 12 de setembro de 2001.

Egeimi, O., Abdel Mohmood, M. e Sid Ahmed, A (2003) Conflict transformation: Pastoralists and settled Farmers, Compas Magazine for endogenous development, Compas programme of ETC Foundation, Compas, P.O. Box 64, 3830 AB Leusden, the Netherland

Elhassan, A, B, (2007) Kordofan, Sobat e Upper Nile Interim Evaluation Report, PNUD, Kartoum Sudão

Fadlalla, B, Ahmed, F, A, (1999), Sudan country paper, Agricultural Research council, Wadmedany, Sudan Animals resource research corporation, P.O. BOX 8067(AlAmarat, Khartoum, Sudan.

FAO, (2000) Grassland assessment for pastoral system, documento da FAO sobre plantas e produção, Roma

FAO, (2006). livestock & the environment: Finding a balance, Relatório da Comissão das Comunidades Europeias, do Banco Mundial e dos governos da Dinamarca, França, Alemanha, Países Baixos, Reino Unido e Estados Unidos da América, coordenado pela Organização das Nações Unidas para a Alimentação e a Agricultura, a Agência dos Estados Unidos para o Desenvolvimento Internacional e o Banco Mundial,www.fao.org/docrep/x5303e/x5303e05.htm ,1/6/2011

FAO (2012), The Land Cover Atlas of Sudan, Viale delle Terme di Caracalla, 00153 Roma, Itália ou por correio eletrónico para: copyright@fao.org © FAO março de 2012 , John S. Latham Oficial Sénior de Terras e Água (Geoespacial) NRL - ONU/FAO

FAO, (1989), Integrated land use plan for RAWASHDA FOREST, casestudy in Sudan Rome Italy, Pp 11,13,27: in Fasher, 2008, Integrated Rangeland management for Sustainable agriculture and animal production,

FAO, (2000), Food and agriculture policies in the near east region , sustain issues and prospect, Roma Itália.

Fashir, G. A. (2008). Integrated Rangeland management for Sustainable agriculture and animal production. Estudo de caso (Kadugli Locality), uma dissertação apresentada em cumprimento parcial do requisito de Mestrado em Range Science, Universidade de Ciência e Tecnologia do Sudão.

Ghossoub, R. (2003) Impacto dos pontos piosféricos nas pastagens mediterrânicas. Tese de Mestrado. Instituto Agronómico Mediterrânico, Chania, Creta, 126 pp.

HolechekJ.L, (2004) Range Management: Principles and Practices, New Mexico State

University, Las Cruces Rex D. Pieper, New Mexico...

Howery, D.L. and Sprinkle.E.J (2006) A summary of Livestock Grazing Systems Used on Rangelands in the Western United States and Canada, Cooperative Extension, College of Agriculture & Life Sciences, The University of Arizona.

IFAD (2003) Combating range degradation: The experience of IFAD (International Fund for Agricultural Development), Obtido em 12/10/2003 na Internet: **http://www.ifad.org/lrkm/theme/range.htm.**

FIDA, (2006), Technical report about meteorological situations in South Kordofan state, south Kordofan office.

IFRPI e IFAD, (2006) empowers the rural poor under volatile policy Environments in the near east and North Africa Region, projeto de investigação Sudan case study, Ministério das Finanças e da Economia Nacional da República do Sudão.

(IASC, 2010) Gerir a gama http://oneplan.org/Range%5CRangeSoil.asp

Jaddalla, J, B. (1994) The Effects of Supplementation of Dry Season razing with Groundnut Haulms on Nutrients Utilization and Sheep rformance, M.Sc. Thesis, Faculty of Animal Production, University of Khartoum.

Janson. N, (2007) Impact of sheep grazing on the soil seed bank of a managed ephemeral wetland: implications for management. Australia Australian journal of botany, 55(2): 103-109: Publicação CSIRO. Identificador para ligação ou citação deste registo: http://hdl.handle.net/1959.9/148751

Kamau, P. (2004) Forage Diversity and Impact of Grazing Management on Rangeland Ecosystems in Mbeere district, Kenya, National Museum of Kenya, P.O.Box. 4566, Nairobi, Quénia, documento n.º 36.

Kayouli, C, (2002), The Role of Feeding Systems Based on General Residuces in Integrated Farming Systems in sub- Saharan Africa. Instate Nation (Agronomique de tunisie, 43, AV.

Landsberg, J, D. Jamses, D, C. Stephen M, R. Trevor, H,J. Stol ,J. Drew, A e Tongway, H. (1997*)* The effects of artificial sources of water on rangeland biodiversity, CSIRO Division of Wildlife and Ecology Biodiversity Convention and Strategy Section of the Biodiversity Group, Environment Australia, janeiro de 1997, ISBN 0 6422 7010 4

Lanta, V. (2009) Impacts of grazing on range plants, U.S. Fish and Wildlife Service, (linkinghub.elsevier.com/retrieve/pii/S1146609X07000446) Página inicial, 2009

Lanta,V.(2007) Effect of slug grazing on biomass production of a plant community during a short-term biodiversity experiment, Institute of Botany, Academy of Sciences of the Czech Republic, Section of Plant Ecology, Dukelska 135, 379 82 Tiebon, Czech Republic Department of Botany, Faculty of Biological Sciences, University of South Bohemia, Branisovska 31, CZ-370 05 Ceské Budsjovice, Czech RepublicRecebido em 10 de outubro de 2005; aceite em 26 de março de 2007. Disponível online em 7 de maio de 2007.

Manske, L. L, (2004) Effects of Grazing Management Treatment on Rangeland Vegetation, North Dakota State University, Dickinson Research center, 1089 state Avenue, Dickinson, ND 58601.

Medição da vegetação rasteira. Proc, de um simpósio em Tifton, Gerorgia. measuring understory vegetation. Relatório de um simpósio em Tifton, Gerórgia.

Metzger K.L, Boone, R. B, Coughenour, M.B, Reich, R.M (2005) Effects of seasonal

grazing on plant species diversity and vegetation structure in a
Ministério da Informação (2011). Sudão, a terra das oportunidades, factos e números, Khartoum, Sudão.

Mohamedain, M. S. (2009), Use of Remote Sensing Geographical Information System (GIS) for Sustainable Forest Management, A thesis Submitted in Fulfillment of requirements for PhD in Forestry Science , Sudan University of Science & Technology

Nefzaoui, A, (2004) Rangeland improvement and management options in the arid environment of Central and South Tunisia. In Ben Salem H. (ed.), Nefzaoui A. (ed.), Morand-Fehr P. (ed.) .Nutrition and feeding strategies of sheep and goats under harsh climates = Stratégies de nutritionet d'alimentation des ovins et caprins en climats rigoureux . Zaragoza : **Ciheam, I, (2004).** Options Méditerranéennes : Série A. Séminaires Méditerranéens ; n. 59, p. 15-25. : In Nefzaoui, and El Mourid, M. (2008) Rangeland Improvement and Management in Arid and Semi-Arid Environments of West Asia and North Africa, IFAD, Roma.
Nefzaoui, A, (2002) Rangeland management options and individual and community strategies of agropastoralists in Central and Southern Tunisia, International conference on policy and institutional options for the management of rangelands in dry areas. Documento de trabalho CAPRI N° 23.
FAO, (2005), Comprehensive Africa AgicultureDevelopment program, Governo da República do Sudão, apoio à implementação da nepadcaadp. TCP/SUD/2909(1) nepad, Ref.05 112.(e).

Nicol, J, Muston S, Paula, D, Santos P, Carthy, B e Zukowski , S, (2004) Impacto do pastoreio de ovelhas no banco de sementes do solo de uma zona húmida efémera gerida, implicações para gestão,
Biologia Ambiental, Escola de Ciências da Terra e do Ambiente, Universidade de Adelaide, SA 5005, Austrália. Endereço atual: South Australian Research and Development Institute, Aquatic Sciences, Inland Waters Program, PO Box 120, Henley Beach, SA 5022, Austrália.

Osem, Y. e Kigel, J. (2006) Instituto Robert Smith de Ciências Vegetais e Genética na Agricultura, Faculdade de Ciências Agrícolas, Alimentares e da Qualidade Ambiental, Universidade Hebraica de Jerusalém, Rehovot, Israel - A. Perevolotsky, Departamento de Recursos Naturais, ARO - Centro Volcani, Bet Dagan, Israel.
Papanastasis, V. (1990) Pastoral and forage systems in Greece, 6ª Reunião da Sub-rede FAO sobre Pastagens e Culturas Forrageiras Mediterrânicas, Bari, Itália, pp. 177-180.
Papanastasis, V.P. (2000) Land degradation caused by overgrazing and wildfires and management strategies to prevent and mitigate their effects. In: Desertification in Europe: mitigation strategies, land-use planning G. Enne, Ch. Zanolla and D. Peter (eds). Comissão Europeia, EUR 19390, Luxemburgo, pp. 187-198.
Papanastasis, V.P., Kyriakakis,S. and Kazakis,G,(2002) Plant diversity in relation to overgrazing and burning in mountain Mediterranean ecosystems. J. Mediterranean Ecology, (2-3):53-63.
Parker,K.W. e Harris, R.W.(1959). The 3-step method for measuring condition and trend of forest range: a resume of it is history, development and use. In: techniques and methods of range measurement

Parsons *et al* (1983). Uma Perspetiva Ecológica. D.D. Briske e R.K. Heitschmidt In: Rodncy, H. e Jerry, W. S (2005). Gestão do pastoreio: uma perspetiva ecológica. Capítulo um, P 7.

Peco, B.,Espigares,T e. Levassor. C, (1998) Trends and fluctuations in species abundance and richness in Mediterranean pastures, Applied Vegetation Science, 1:21-28.

Perkins, J.S, Thomas, D.S.G, Allison, R.J. (1993) Environmental responses and sensitivity to permanent cattle ranching, semi arid western central Botswana, Landscape sensitivity, 1993, 273 286

Perkins, J.S., Thomas DSG (1993) Spreading deserts or spatially confined environmental impacts? Land degradation and cattle ranching in the alahari Desert of Botswana, Land Degradation & Rehabilitation 4: 179-194.
Pp.14-16: in Nefzaoui, and El Mourid, M. (2008) Rangeland Improvement and Management in Arid and Semi-Arid Environments of West Asia and North Africa, IFAD, Roma.

Rinehart, L. (2006) Pasture, Rangeland and Grazing Management, Serviço Nacional de Informação sobre Agricultura Sustentável, publicado em 2006, atualizado em 2008, Publicação ATTRA #IP306/301
Rook, A.J, Dumont, B. Isselstein, J. Osoro, K. Wallis, M.F De Vries,. Parente. G e Mills.J, (2004) Matching type oflivestock to derived biodiversity outcomes in pastures - a review. Biological Conservation, 119:137-150.

Rosburg, T. (2002) Seed Bank Population of Reconstructed Prairie, Departamento de Biologia, Universidade de Drake, thomas.rosburg@drake.edu

SAS Institute Ine (1988) SAS stat Users guide, SAS Institute Ine. N.C

Scott *et al,* (1979) e Detling, (1988). An Ecological Perspective. D.D. Briske e R.K. Heitschmidt In: Rodncy, H. e Jerry, W. S (2005). Gestão do pastoreio: uma perspetiva ecológica. Capítulo um, P 7.

Semi-arid ecosystem, Journal of Arid Environments 61: 147-160.
Sims e Singh (1978), Stanton (1988). Uma Perspetiva Ecológica. D.D. Briske e R.K. Heitschmidt In: Rodncy, H. e Jerry, W. S (2005). Gestão do pastoreio: uma perspetiva ecológica. Capítulo um, P 7.

SKRDP- NKRDP, (2002). South Kordofan Range Management Strategy Study e Khor Abu Habil Basin planning and Water Development Study. Ministério da Agricultura e das Florestas do Sudão, Unidade Central de Coordenação do Projeto SKRDP-NKRDP do FIDA.

SKRDP- NKRDP, (2002). South Kordofan Range Management Strategy Study e Khor Abu Habil Basin planning and Water Development Study. Ministério da Agricultura e das Florestas do Sudão, Unidade Central de Coordenação do Projeto SKRDP-NKRDP do FIDA.

Solomon, T.B, Snymal. H.A (2005). Soil seeds bank characteristics in relation to use system and distance from water in semi arid range land in southern Ethiopia, department animal, wild life and grass land science, university of free state, P.O. Box339, Bloemfontein 9300, south Africa.
Stenberg. M. (2009), Effects of grazing on soil seed bank dynamic: an approach with functional groups, Journal of vegetation, Tel Aviv University. *Htt.* www.researchgate. Net. Publicação 122986.

Sternberg, M, Gutman, M. Perevolotsky, A, Ungar E.D e Kigel. J, (2000) Resposta da vegetação à gestão do pastoreio numa comunidade herbácea mediterrânica: uma abordagem de grupo funcional. Jornal de Ecologia Aplicada 37:224-237.

Steve, A. e Chris, S. (2000) Stress disturbance change rangeland ecosystem, Department of ecology and Management Texas and University College Station TX. 77843-2126- U.S.A

Stewart. J., Rickords. J., Bordas.V., Randall.L. e Thackway.R(2011). Ground Cover Monitoring for Australia - establishing a nationally Coordinated approach to Ground Cover Mapping , Australian Government, Australian Bureau of Agricultural and Resources Economic and sciences.

Suliman,M.M. (1985) Base line Survey for Kordofan and Darfur. Sudão.

Tate, K. W. Dudley, D.M. McDougald, N. K. E. (2004) Effect of canopy and grazing on soil bulk density, Journal of range management 57: 411- 417.

PNUD,(2006) PASTORAL PRODUCTION SYSTEMS IN SOUTH KORDOFAN study (2),House 7, Block 5, Avenue P.O. Box: 913 Khartoum, Sudão.

USDA (2000), os indicadores de avaliação qualitativa são retirados de Interpreting Indicators of Rangeland Health, Natural Resources Conservation Service Version 3, 2000, TR 1734-6, BLM (http://www.ftw.nrcs.usda.gov/glti).

USDA (2001) Rangeland Soil Quality, The Soil Quality Institute, Grazing Lands Technology Institute, e National Soil Survey Center, Natural Resources Conservation Service, USDA; the Jornada Experimental Range, Agricultural Research Service, USDA; e Bureau of Land Management, USDI), folha 1.

Van Gils, H. e Shabbir, M. (ed) (1992) Environmental profile of Baluuchistan, Pakistan LARUS-ITC Netherland EU-SSp. Paquistão 56.p

Walker K. F., Puckridge J.T. & Blanch S.J. (1997) Irrigation development on Cooper Creek, Central Australia - prospects for a regulated economy in a boom- and-bust ecology, Aquatic Conservation: Marine and Freshwater Ecosystems 7

Wijk N, M. (1984) Ecology textbook for the Sudan, primeira edição, Cartum, Un press, P.O. Box 321, Cartum, Sudão.

Wilkinson e lowrely,(1973) e Woodmansee *et al,(* 1978). An Ecological Perspective. D.D. Briske e R.K. Heitschmidt In: Rodncy, H. e Jerry, W. S (2005). Gestão do pastoreio: uma perspetiva ecológica. Capítulo um, P 9.

Wlim, H.G. Costello,D.F. and Kipple,G.E,(1944), Estimating Forage by double - sampling method, J. Amer. Soc. Agron.36:194-203.

Banco Mundial, (1991). Environmental Assessment Sources Book, volume 11, Sartorial Guide line, documento técnico do Banco Mundial n.º 140, Washington. De- 283. pp

Yates, C. J, Norton D. A and Hobbs, R. J, (2000) Grazing effects on plant cover, soil and microclimate in fragmented woodlands in south-western Australia: implications for restoration. Austral Ecology 25(1): 36-47.

Zaroug, G.M. (2006) Country Pasture/Forage Resource Profiles, P.O. Box

Belsky, A. J., Matzke, A. e Uselman, S (1999) Survey of livestock influences on stream and riparian ecosystems in the western United States. Journal of soil and water Conservation 54:419-431.

Jackson, R. D., e Bartolome, J.w. (2007). Ecologia de pastoreio das pastagens da Califórnia In: M. R. Stromberg, J.D. Corbin e C. M. De Antonio(EDS). California Grasslands: Ecology

and Management. Berkeley, Califórnia: University of California Press. P. 197 - 206.
Al sharif, A. (1985) In: Proc. Int. Conf, on range management in the Arabian Gulf, Kuwait. 22.24 de abril de 1985 (No prelo).
Darrage. A. (1988) Training Course in range management and range improvement. Administração de campos e pastagens. (RPA) - Sudão - 47- PP.
FAO, (1980) Food and Agricultural organization. Uma introdução à produção de pastagens em África. In: Strange. L.R.N. (Ed). Roma. Itália.
Gaiballa, A.K.(1994). O efeito da utilização no banco de sementes e na dinâmica da vegetação de espécies de plantas indígenas, incluindo alimentos selvagens selecionados, na floresta de Rawashada, no Sudão Oriental. Tese de doutoramento apresentada à Universidade de Khatoum.
Twine , W. **2005** . As transições socioeconómicas influenciam as alterações da vegetação nas pastagens comunais do low veldt sul-africano. African J. Range Forage Sci.

Apêndice

Apêndice (1) Designação botânica latina, tipos botânicos e designação local

Botanical Latin name	Botanical types	Local name
Acanthospermum hespidum	Forbs	Kharab housa
Amaranthus grecans	Forbs	Lesan Eltier
Andropogon gayanyus	Grass	Aburakheese
Aristida mutablis	Grass	Gaw
Asteraceae hyperhernia ofrun	Forbs	Abu-morrwa
Blepharis linariifolia	Forbs	Begeal
Buffalo grass	Grass	Khashesha Eljamoos
Cassia tora	Forbs	Kwal
Chloris gyana	Grass	Afan Elkhadim
Corchorus ditorius	Forbs	Khodra
Cucumia dispaceors	Forbs	Eragelgazal
Dactylactinum aegyptioum	Grass	Abu-asabie
Demodium dichotomum	Forbs	Abu-areeda
Echinocola colonum	Grass	Difra
Eragrostis tremula	Grass	Bannu
Euphorbia hirtal	Forbs	Um- lobiena
Farsetia grandiflora	Forbs	Nwara
Hygrophylla spinosa	Forbs	Um-shwieka

Hyparrhenia confinis	Grass	Um-rajjo
Impomea kordofana	Forbs	Tabar
Indigofra spp	Forbs	Sharaya
Ipomoea coptica	Forbs	Eragelnar
Jasminum nitidum	Forbs	Khashem Elnaseeba
Justicia kotschyi	Forbs	Nana
Loranthus spp	Forbs	Enabeldb
Marettia philaeana	Forbs	Neyada
Ocimum basilicum	Forbs	Rehan bary
Oldenlandia herbacea	Forbs	Um-kenatillat
Pennisetum pedicellatum	Grass	Um-Dofofo
Rhynchosia minima	Forbs	Adanelfar
Schonfeidia gracilis	Grass	Danb Elnaga
Sesbania arabic	Forbs	soreeb
Setaria pallidea fusea	Grass	Dohon Eltier
Sorghum halepense	Grass	Adar
Sorghum purpureosercim	Grass	Bejl
Symbopogan nevratus	Grass	Nal
Tribulus terrestris	Forbs	Dirassa
Xanthium brosilicum	Forbs	Lazag
Zornia glochidiata	Forbs	Sheliny

O Apêndice (2) mostra a área de sacrifícios em torno dos pontos de água na área de estudo

Apêndice (3) O efeito do sistema de pastoreio aberto nos atributos da vegetação

Apêndice (4) O efeito do sistema de pastoreio aberto nos atributos da vegetação

Apêndice (5) diversidade de plantas nos locais de pastoreio

MIX
Papier aus verantwortungsvollen Quellen
Paper from responsible sources
FSC® C105338

Printed by Books on Demand GmbH, Norderstedt / Germany